高等职业教育"十二五"规划教材
国家技能型人才培养培训教材

数控车床操作教程

王金铣　雷彪　主编
关海英　关玉琴　李青禄　副主编
袁　广　主审

化学工业出版社

·北京·

本书结构采用模块化，一个模块包含若干个项目，以实际工作过程为主线，介绍了数控机床安全操作、日常维护、四大系统（华中数控系统、FANUC、SIEMENS、广数系统）机床操作、轴类零件加工、成型面的加工、子程序的调用与刀尖圆弧半径补偿、典型螺纹加工到宏程序的应用等知识，每个实训项目后附有强化训练零件图。为方便教学，配套电子课件。

　　本书可供高职、中职、技校学生数控车床加工实训之用，也可供实行理论—实践一体化教学的院校作为数控技术教材使用，并可作为培训用书。

图书在版编目（CIP）数据

　　数控车床操作教程 / 王金铣，雷彪主编. —北京：化学工业出版社，2012.7（2019.8 重印）
　　高等职业教育"十二五"规划教材　国家技能型人才培养培训教材
　　ISBN 978-7-122-14614-4

　　Ⅰ. ①数…　Ⅱ. ①王…　②雷…　Ⅲ. ①数控机床-车床-操作-高等职业教育-教材　Ⅳ. ①TG519.1

　　中国版本图书馆 CIP 数据核字（2012）第 138369 号

责任编辑：韩庆利　　　　　　　　　　装帧设计：韩　飞
责任校对：徐贞珍

出版发行：化学工业出版社（北京市东城区青年湖南街 13 号　邮政编码 100011）
印　　装：北京虎彩文化传播有限公司
787mm×1092mm　1/16　印张 8　字数 171 千字　2019 年 8 月北京第 1 版第 3 次印刷

购书咨询：010-64518888　　　　　　　售后服务：010-64518899
网　　址：http:// www.cip.com.cn
凡购买本书，如有缺损质量问题，本社销售中心负责调换。

定　　价：18.00 元

前　　言

　　为了全面学习和贯彻国家相关文件的精神，突出"加强高技能型人才的实践能力和职业技能的培养，高度重视实践和实训环节教学"的要求，以就业为导向，以企业岗位操作要领为依据，确立一切从企业效率出发的思考方向，培养学生务实严谨的专业品质和职业能力，结合国家职业标准，我们编写了《数控车床操作教程》一书，其编写特色如下。

　　1. 本书包括数控机床安全操作、日常维护、四大系统机床操作、轴类零件加工、成型面的加工、子程序的调用与刀尖圆弧半径补偿、典型螺纹加工到宏程序的应用等内容，以模块构架实训教学体系。

　　2. 教材数控程序部分以华中数控系统为主，兼顾了市场主流三个数控系统（FANUC、SIEMENS、广数系统等）。

　　3. 内容上涵盖国家职业标准对数控车中、高级工的知识和技能要求，从而准确把握理论知识在教材建设中"必需、够用"，又有足够技能实训内容的原则；注重现实社会发展和就业需求，以培养职业岗位群的综合能力为目标，从而有效地开展对学生实际操作技能的训练与职业能力的培养。

　　4. 教材结构采用模块化，一个模块包含若干个项目，一个项目就是一个知识点，重点突出，主题鲜明，给数控机床中高级操作工的培训和实习带来极大的方便。

　　本书是机械类专业高技能人才的培养培训的实训教材。同时也是高职高专、中等职业技术学校数控技术、机械制造与自动化、数控设备应用与维修、机电一体化技术等专业及其他相关专业的实训教学用书。本书不仅可以作为高职教材，还可以作为高职、中职或技校顶岗实习教材使用。

　　本教材有配套电子课件，可免费赠送给用本书作为授课教材的院校和老师，如有需要，可发邮件至 hqlbook@126.com 索取。

　　本书由王金铣、雷彪任主编，袁广任主审，关海英、关玉琴和李青禄任副主编，刘玲参编。全书由雷彪统稿。

　　在本书的修订过程中，得到了许多同行的大力支持与帮助，谨此一并感谢！

　　由于编者水平有限，书中有不妥之处在所难免，恳请同行和广大读者批评指正。

编　者

目　　录

模块一　CNC 基础知识

项目 1.1　数控车床加工原理与加工过程

[项目目的]

- 1. 了解数控车床加工原理与数控车床的基本组成;
- 2. 了解数控车床加工与普通车床加工的异同;
- 3. 了解数控车床的基本结构特点与加工特点;
- 4. 了解零件从编程到数控加工的过程。

[项目内容]

熟悉数控机床加工原理及数控车床的结构与组成;了解数控车床加工与普通车床加工的异同;掌握数控车床的基本加工特点。

[相关知识点析]

一、数控车床加工原理与数控车床的基本组成

1. 数控车床加工原理

数控车床在加工零件时,按照零件图的要求进行工艺分析,确定加工步骤、工艺参数和两个方向的位移数据。再用规定的编制程序代码编写零件加工程序单或用软件 CAD/CAM 自动编程直接生成零件程序加工文件输入到机床控制系统装置中,其中:手工编程的程序可通过数控机床的操作面板直接输入给数控系统;自动编程的程序通过数控系统的通信接口输入到数控系统内,由系统运算处理后以脉冲信号给伺服驱动系统发出指令信号,从而伺服驱动系统接到信号立即控制机械进给机构按照指令的要求进行两个方向的位移,数控机床便自动地加工出相应零件来。当更换加工对象时,只需要重新编写程序代码,输入给机床系统,数控系统代替人的大脑和双手来支配大部机械运动功能,控制加工的全过程,制造出任意复杂的机械零件。

数控加工原理如图 1-1 所示。

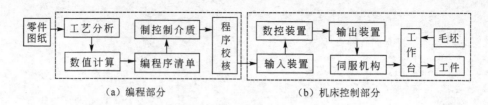

零件图纸	工艺分析	制控制介质		数控装置	输出装置		毛坯	
	数值计算	编程序清单	程序校核	输入装置	伺服机构	工作台	工件	

（a）编程部分　　　　　　　　　　　（b）机床控制部分

图 1-1　数控加工原理框图

2．数控车床的基本组成

数控车床一般由 CNC 数控装置、主轴单元、进给伺服驱动装置、可编程控制器及电气控制装置、输入/输出装置、机床本体及位置检测装置（开环机床无此装置）等组成，除机床本体外的部分统称为数控系统。典型数控车床如图 1-2 所示。

CAK6140 数控车床

图 1-2　典型数控车床

（1）数控系统装置

华中数控车 CAK6140 机床采用华中数控"世纪星"HNC-22T/M 数控系统装置，内置嵌入式工业 PC 机、配置 10.7″彩色液晶显示屏和通用工程面板，具有故障诊断与报警、多种形式的图形加工轨迹显示的特点，集成进给轴接口、主轴接口、（手持单元接口）、内嵌式 PLC 接口于一体，具备直线插补、圆弧插补、螺纹切削、刀具补偿、宏程序等功能。由于采用 PC 机的管理机制，可外接硬盘及 USB 接口，因此程序存储容量非常大，容易实现大数据量程序的"海量"加工。

（2）变频调速主轴单元

现代数控机床的主轴，大多采用接受 S 指令功能矢量控制的变频器匹配三相异步电动机的变频无级调速或直接将主轴作为电机转子的"电主轴"形式。不接受 S 指令功能的最经济型数控机床，主轴变速仍然保留用传统的齿轮变速箱的手动换挡变速形式，也有些机床采用机械-液压的自动换挡结构。

（3）进给轴伺服驱动系统

数控 CAK6140 车床（两轴联动控制）的进给轴伺服驱动系统是由位置控制、速度控制、伺服电机、检测机构和机械传动部分组成。按照伺服系统的结构有几种类型，即开环、半闭环、闭环及混合闭环。在数控车床中最广泛使用的是半闭环类型，半闭环伺服机构由伺服放大线路、比较线路、伺服电机、速度检测器和位置检测器组成。位置检测器装在伺服电机端部，通过伺服电机的回转角度检测出工作台的位置能够达到精度、速度和动态特性。

（4）输入/输出装置

开关量输入/输出装置通过输入接线端子板和继电器板，可用作输入/输出接口的转接单元，方便连接，提高可靠性。开关量控制是用于主轴启停、正反转、冷却液启停、刀架（刀库）换刀等的信号开关控制。

按下操作面板上的"循环启动"按钮后，CNC 装置向机床发出请求。一旦 CNC 装置所处状态符合启动条件，则 CNC 装置就响应中断，控制程序转入相应的控制机床运动的中断服务程序，进行插补运算，逐段计算出各轴的进给速度，插补轨迹等；并将结果输出到进给伺服控制接口和其他输出接口，控制工作台（或刀具）的位移或其他辅助动作。这样，机床就自动地按照零件加工程序的要求进行切削运动。

3. 数控车床联动加工及坐标系统

普通车床的两个方向纵向、横向的进给量是由手工完成的，而数控车床加工时的横向、纵向两个方向的进给量都是以坐标指令进行运动的，坐标联动加工是指数控车床的两个坐标轴能够同时移动，从而获得直线和直线、直线和圆弧、圆弧和圆弧的运动。

数控车床坐标轴正方向的确定是：

（1）首先确定 Z 轴的正方向。以平行于机床主轴中心轴线的刀具运动坐标为 Z 轴，Z 轴正方向是使刀具远离工件的方向。如立式铣床，主轴箱的上、下方向或主轴本身的上、下方向即可定为 Z 轴，且向上为正，若主轴不能上下动作，则工作台的上、下方向便为 Z 轴，此时工作台向下运动的方向定为 Z 轴正向。

（2）再确定 X 轴。X 轴为水平方向且垂直于 Z 轴，并平行于工件的装夹面；对于立铣或立式加工中心，工作台往左（刀具相对向右）移动为 X 正向；对于卧铣或卧式加工中心，工作台往右（刀具相对向左）移动为 X 正向；

如图 1-3 所示，对于数控车床的坐标系统，视刀架前后放置方式不同，其 X 轴正向亦不相同，但都是由轴心沿径向朝外。

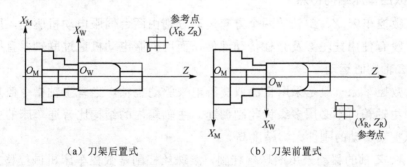

（a）刀架后置式　　　　　　　（b）刀架前置式

图 1-3　车床坐标系统图

机床坐标系的原点是由厂家确定的，用户一般不可更改，它是由回参考点操作建立起来的。很多机床都将参考点和机床原点设为同一点，所以回参考点也叫"回零"。参考点的位置通常都设在各轴的正向行程极限附近，也有些厂家将个别轴设在负向极限附近。

数控 CAK6140 车床（两轴联动控制）的机床原点和参考点重合，都设在各轴的正向行程极限附近，其位置是通过挡铁和行程开关来确定。

图 1-4 所示为机床坐标原点与参考点。

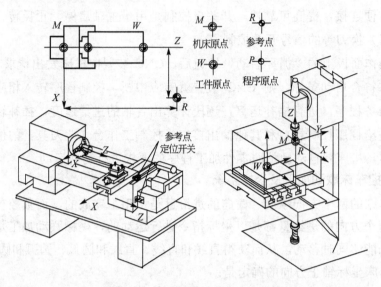

图 1-4　机床坐标原点与参考点

二、数控车床加工与普通车床加工的异同

数控车床的进给系统与普通车床的进给有本质的区别。普通车床的进给是从主轴箱出来通过挂轮架传给进给箱使两个方向得到进给运动。数控车床的两个方向进给是由伺服电动机直接通过滚珠丝杠带动溜板实现进给运动，减少了进给的机械结构。

三、数控车床的基本结构特点与加工特点

1. 数控车床结构特点

（1）数控车床 X、Z 轴的两个方向运动分别由两台伺服电动机驱动，所以它的传动链很短，没有使用挂轮架及光杠传动部件，而用伺服电动机通过联轴器直接与丝杠连接带动 X、Z 轴同时运动。

（2）数控车床一般是采用直流或交流电来驱动主轴，当有主轴指令信息主轴可作无级调速，主轴箱内不必用多级齿轮副调速。主轴箱内的结构比普通车床的主轴箱简单很多。所以主轴转动的刚性大、精度高。

（3）X、Z 轴的移动采用滚珠丝杠副，滚珠丝杠副是数控车床机械位移关键部件，丝杠副两端安装的轴承是专用轴承，它的压力角比一般的向心推力球轴承大很多，轴承安装时是配对的。它的润滑都比较充分，采用的是自动润滑。

（4）数控车床加工零件时冷却充分，自动加工时一般处于全封闭状态或半封闭状态。

2. 数控车床加工特点

（1）数控车床具有加工精度高、稳定性好、可以以车代磨，可加工高精度高要求的

零件。

（2）加工的零件具有很高的表面粗糙度，表面粗糙度取决于进给速度和切削速度。

（3）具有加工轮廓形状复杂的零件、特殊类型螺纹零件和超精密、超低表面粗糙度的零件。

四、零件从编程到数控加工的过程

首先要加工一个零件它必须有零件图纸，在零件图纸上可分析技术要求、工艺要求，合理选择零件的坐标点，才能使数控车床充分发挥合理的作用，使数控车床运动起来安全、可靠、工作效率高。其次根据零件的复杂程度进行手工编程或自动编程填写零件加工工艺程序单，然后输入到数控车床系统内进行程序校验，校验后方可进行加工。

项目 1.2 文明生产和安全操作技术

[项目目的]

■ 1. 掌握与企业相关的安全文明生产和数控车床安全操作技术；
■ 2. 掌握数控车床的操作规程。

[项目内容]

在实训及培训练习中应首先把安全放在首位，要有一定的安全意识，掌握安全操作知识及数控车床的操作技术。

[相关知识点析]

一、文明生产和安全操作技术

1. 文明生产

在文明生产中首先要做到两个安全：一是做到自身的安全，二是保证设备的安全。所以，数控车床有着与普通车床基本一致的文明生产安全操作原则。但数控机床自动化程度较高，充分发挥机床的优越性是现代企业管理的一项十分重要的内容，而数控加工是一种先进的加工方法，它与普通机床加工相比较，在提高生产率和管好、用好、维护好设备方面，显得尤为重要，操作者除了掌握数控机床的使用性能、精心操作以外，还必须养成文明生产的良好工作习惯和严谨的工作作风，具有较好的职业素质、责任心和良好的合作精神。

操作时应做到以下几点：

（1）认真阅读操作说明书及编程说明书；

（2）严格遵守数控车床的安全操作规程，熟悉数控车床的操作顺序；

（3）操作人员应穿戴好工作服、工作鞋，不得穿、戴有危险性的服饰品，如手套、易燃的服装；

（4）保持数控车床周围的环境整洁。

2. 安全操作技术

（1）数控车床启动前的注意事项

① 数控车床启动前，要熟悉数控车床的性能、结构、传动原理、操作顺序及紧急停机方法；

② 检查润滑油和齿轮箱内的油量情况；

③ 检查紧固螺钉，不得松动；

④ 安装刀具，并达到使用要求；

⑤ 经常清扫机床周围场地，机床和控制部分保持清洁，不得打开配电柜及主轴箱盖开动机床。

（2）调整程序时的注意事项

① 确认运转程序和加工顺序是否一致，严格检查机床原点；

② 确认刀具参数及正确使用刀具；

③ 不能加工超出机床参数范围的零件；

④ 在停机时进行刀具调整，确认刀具在换刀过程中不会和其他部位发生碰撞；

⑤ 确认工件的夹具是否有足够的强度；

⑥ 程序调整好后，要再次检查，确认无误后，方可开始加工。

（3）车床运转中的注意事项

① 车床启动后，自动加工连续运转前，必须监视其运转状态；

② 确认切削液输出通畅，流量充足；

③ 数控车床运转时，应关闭防护门，不得调整刀具和测量工件尺寸，不得用手接近旋转的工件及刀具；

④ 加工停止时方可除去工件或刀具上的切屑。

（4）加工完毕时的注意事项

① 清扫机床，擦干冷却液；

② 涂防锈油，润滑机床；

③ 关闭系统，关闭车床总电源。

二、数控车床操作规程

为了正确合理地使用数控车床，保证数控车床正常运转，必须阅读数控车床操作说明书的操作规程，通常应做到：

（1）机床通电后，检查各开关、按钮和键是否灵活、正常，机床有无异常现象；

（2）各坐标轴手动回零（即机床参考点），若某轴在回零前已在零位，必须先将该轴移动到离零点有效距离内，再进行手动回零；

（3）检查电压、气压、油压是否正常，有手动润滑的部位先要进行手动润滑；

（4）在进行零件加工时，数控车床上不能放有任何工具或异物；

（5）数控车床空运转达 15min 以上，使数控车床达到热平衡状态；

（6）程序输入后，应认真检查代码、指令、地址、数值、正负号、小数点及语法是否正确，校验程序保证无误方可加工；

（7）正确测量确定和计算工件坐标系，对结果进行验证和验算；

（8）将工件坐标系输入到偏置页面，并对坐标、坐标值、正负号、小数点进行认真核对；

（9）未装工件前，空运行一次程序，校验程序是否顺利执行，刀具长度选取和夹具安装是否合理，有无超程现象；

（10）刀具补偿值(刀长，半径)输入偏置界面后，要对刀补号、补偿值、正负号、小数点进行认真核对；

（11）安装工件前要找正卡盘方可安装工件；

（12）装夹工件，注意卡盘是否妨碍刀具运动，检查零件毛坯的尺寸是否超长；

（13）检查各刀具的安装位置及方向是否合乎工艺程序要求；

（14）查看刀杆前后部位的形状和尺寸是否合乎加工要求，能否碰撞工件与夹具；

（15）镗刀头尾部露出刀杆直径部分，必须小于刀尖露出刀杆直径部分；

（16）无论是首次加工的零件，还是周期性重复加工的零件，首件都必须对照图纸工艺、程序和刀具调整卡，进行单段程序的试切；

（17）单段试切时，快速倍率开关必须打到最低挡；

（18）每把刀首次使用时，必须先验证它的实际长度与所给刀补值是否相符；

（19）在程序自动运行中，要重点观察数控系统上的几种显示：

① 坐标显示，可了解当前刀具运动点在机床坐标及工件坐标系中的位置，了解程序段落的位移量，还剩余多少位移量等；

② 工作寄存器和缓冲寄存器显示，可以看出正在执行程序段各状态指令和下一个程序段的内容；

③ 主程序和子程序，可了解正在执行程序段的具体内容。

（20）试切进刀时，在刀具运行至工件表面 30～50mm 处，必须在进给保持下，验证 Z 轴剩余坐标值和 X 轴坐标值与图纸尺寸是否一致；

（21）在镗孔中采用"渐近"的方法，如镗孔，可先试镗一小段长度，检测合格后，再镗到整个长度，使用刀具半径补偿功能的刀具数据，可由小到大，边试切边修改；

（22）试切和加工中，刃磨刀具和更换刀具后，一定要重新对刀并修改好刀具补尝值和刀补号；

（23）程序检索时应注意光标所指位置是否合理、准确，并观察刀具与机床运动方向坐标是否正确；

（24）程序修改后，对修改部分一定要仔细计算和认真核对；

（25）手摇进给及手动连续进给操作时，必须检查各种开关所选择的位置是否正确，弄清正负方向，认准按键，然后再进行操作；

（26）整批零件加工完成后，应核对刀具号、刀补值，使程序、偏置页面、调整卡及工艺中的刀具号、刀补值完全一致；

（27）从刀架上卸下刀具，按调整卡或程序工艺卡清理、编号入库；

（28）卸下夹具，某些夹具应记录安装位置及方位，并做出记录、存档；

（29）清扫机床及周围环境卫生；

（30）将各坐标轴停在参考点位置。

项目 1.3　数控车床日常维护

[项目目的]

- 1．掌握数控设备的日常维护与保养；
- 2．熟悉数控系统的日常维护。

[项目内容]

在实训与培训中要掌握数控车床的维护方法和要求，并在操作中随时可对数控车床进行日常维护和保养，掌握维护措施。

[相关知识点析]

一、维护保养的有关知识

1．维护保养的意义

数控机床使用寿命的长短和故障的多少，不仅取决于车床的精度和性能，很大程度上取决于正确使用和维护。正确使用能防止设备非正常磨损、损坏，避免突发不必要的故障，精心地维护可使设备保持良好的技术状态，延缓劣化进程，及时发现和消除隐患，从而保障安全运行，保证企业的经济效益，实现企业的经营目标。因此，车床的正确使用与精心维护是贯彻设备管理以防为主的重要环节。

2．维护保养必备的基本知识

数控车床具有机、电、液集于一体、技术密集和知识密集的特点。因此，数控车床的维护人员不仅要有机械加工工艺及液压、气动方面的知识，也要具备电工电子、计算机、自动控制、驱动及测量技术等知识，这样才能全面了解数控车床以及做好车床的维护保养工作。维护人员在维修前应详细阅读数控车床有关说明书，对数控车床有一个详细的了解，包括车床结构特点、数控的工作原理及框图，以及它们的电缆连接。

二、设备的日常维护

对数控车床进行日常维护、保养的目的是延长元器件的使用寿命；延长机械部件的更换周期，防止发生意外的恶性事故，使车床始终保持良好的状态，并保持长时间的稳定工作。不同型号数控车床的日常保养内容和要求不完全一样，车床说明书中已有明确的规定，但总的来说主要包括以下几个方面：

（1）每天检查主轴的自动润滑系统工作是否正常，定期更换主轴箱润滑油；

（2）每天做好各导轨面的清洁润滑，有自动润滑系统的机床要定期检查、清洗自动润滑系统，检查油量，及时添加润滑油，检查油泵是否定时启动打油及停止；

（3）检查冷却系统；检查液面高度，及时添加油或水，油、水脏时要及时更换清洗；

（4）检查电器柜中冷却风扇是否工作正常，风扇及过滤网有无堵塞，经常清洗过滤网粘附的尘土；

（5）检查车床液压系统油箱、液压泵有无异常噪声，工作幅面高度是否合适，压力表指示是否正常，管路及各接头有无泄漏；

（6）检查导轨镶条松紧程度，可调节间隙；

（7）检查主轴与电机的驱动皮带，调整松紧程度；

（8）检查车床防护罩是否安全有效；

（9）检查各运动部件的机械精度，减少形状和位置偏差，如有问题及时更换；

（10）每天下班前做好车床清扫卫生，清除切屑，擦净导轨部位的切削液，防止导轨生锈。

三、数控系统的日常维护

数控系统使用一定时间之后，某些元器件或机械部件总要损坏。为了延长元器件的寿命和零部件的磨损周期，防止各种故障，特别是恶性事故的发生，延长整台数控系统的使用寿命，是数控系统进行日常维护的目的。具体的日常维护保养的要求，在数控系统的使用、维修说明书中一般都有明确的规定。总体要注意以下几个方面：

1．制订数控系统日常维护的规章制度

根据各种部件的特点，确定各自保养条例。如明文规定，哪些地方需要天天清理，哪些部件要定时加油或定期更换等。

2．尽量少开系统装置及数控车床的配电柜门

机加工车间空气中一般都含有油雾、飘浮的灰尘甚至金属粉末。一旦它们落在数控装置内的印制电路板或电子器件上，容易引起元器件间绝缘电阻下降，并导致元器件及印制电路的损坏。因此，要进行必要的调整和维修时方可打开，否则不允许随便开启柜门，更不允许加工时敞开柜门。

3．定时清理数控装置的散热通风系统

应每天检查数控装置上各个冷却风扇是否工作正常。视工作环境的状况，每半年或每季度检查一次风道过滤路是否有堵塞现象。如过滤网上灰尘积聚过多，需及时清理，否则将会引起数控装置内温度过高（一般不允许超过 55～60℃），致使数控系统不能可靠地工作，甚至发生过热报警现象。

4．定期检查和更换直流电动机电刷

虽然在现代数控机床上有用交流伺服电动机和交流主轴电动机取代直流伺服电动机和直流主轴电动机的倾向，但有些用户所用的还是直流电动机。而电动机电刷的过度磨损将会影响电动机的性能，甚至造成电机损坏。为此，应对电动机电刷进行定期检查和更换。检查周期随机床使用频繁程度而异，一般为每半年或一年检查一次。

5. 经常检查数控装置用的电网电压

数控装置通常在电网电压额定值的＋10％～5％的范围内波动。如果超出此范围就会造成系统不能正常工作，甚至会引起数控系统内的电子元器件损坏。

6. 存储器用电池的需要定期更换

存储器如采用 CMOS RAM 器件，为了在数控系统不通电期间保持存储的内容，设有可充电电池维持电路。在正常电源供电时，由＋5V 电源经一个二极管向 CMOS RAM 供电，同时对可充电电池进行充电，当电源停电时，则改用电池供电维持 CMOS RAM 的信息。在一般情况下，即使电池尚未失效，也应每年更换一次，以确保系统能正常地工作。电池的更换应在 CNC 装置通电状态下进行。

7. 数控系统长期不用时的维护

为提高系统的利用率和减少系统的故障率，数控车床长期闲置不用是不可取的。若数控系统处在长期闲置的情况下，需注意以下两点。一是要经常给系统通电，特别是在环境温度较高的多雨季节更是如此。在车床锁住不动的情况下，让系统空运行。利用电器元件本身的发热来驱散数控装置内的潮气，保证电子部件性能的稳定可靠。实践表明，在空气湿度较大的地区，经常通电是降低故障率的一个有效措施。二是如果数控机床的进给轴和主轴采用直流电动机来驱动，应将电刷从直流电动机中取出，以免由于化学腐蚀作用，使换向器表面腐蚀，造成换向性能变坏，使整台电动机损坏；

8. 备用印制电路板的维护

印制电路板长期不用是容易出故障的。因此，对于已购置的备用印制电路板应定期装到数控装置上通电，运行一段时间以防损坏。

数控机床的日常保养见表 1-1。

表 1-1　数控机床的日常保养一览表

序号	检查周期	检查部位	检查要求
1	每天	X、Z 轴向导轨面	除切屑及脏物，检查润滑油是否充分，导轨面有无划伤损坏
2	每天	导轨润滑油箱	检查油标，油量，及时添加润滑油，润滑油泵能定时启动打油及停止
3	每天	气源自动分水滤气器	及时清理分水滤气器中滤出的水分，保证自动工作正常
4	每天	压缩空气气源力	检查气动控制系统压力，应在正常范围
5	每天	主轴润滑恒温油箱	工作正常，油量充足并调节温度范围
6	每天	气液转换器和增压器油面	发现油面高度不够时及时补足油
7	每天	机床液压系统	油箱、液压泵无异常噪声，压力指示正常，管路及各接头无泄漏，工作油面高度正常
8	每天	液压平衡系统	平衡压力指示正常，快速移动时平衡阀工作正常
9	每天	各种电器柜散热通风装置	各电器柜冷却风扇工作正常，风道过滤网无堵塞
10	每天	各种防护装置	导轨、机床防护罩等应无松动，漏水
11	每半年	滚珠丝杠	清洗丝杠上旧的润滑脂，涂上新油脂
12	每半年	液压油路	清洗溢流阀、减压阀、过滤器，清洗油箱底，更换或过滤液压油
13	每半年	主轴润滑恒温油箱	清洗过滤器，更换润滑脂

序号	检查周期	检 查 部 位	检 查 要 求
14	每年	润滑油泵，过滤器清洗	清理润滑油池底，更换过滤器
15	不定期	检查各轴导轨上镶条、压滚轮松紧状态	按机床说明书调整
16	不定期	冷却水箱	检查液面高度，切削液太脏时需要更换并清理水箱底部，经常清洗过滤器
17	不定期	排屑器	经常清理切屑，检查有无卡住等现象
18	不定期	清理废油池	及时清除滤油池中废油，以免外溢
19	不定期	调整主轴驱动带松紧	按机床说明书调整

模块二　数控车床基本操作

项目 2.1　数控车床各种系统的面板操作

[项目目的]

- 1. 熟悉数控车床 FANUC0i Mate-TB 数控系统的面板。
- 2. 能够熟练地运用西门子 802D 数控系统。
- 3. 掌握数控车床 HNC21T 数控系统。
- 4. 了解 GSK980T 数控系统。

[项目内容]

主要学习数控车床各种系统操作面板。

[相关知识点析]

一、FANUC0i Mate-TB 数控系统的面板介绍

1. CRT 显示器

FANUC0i Mate-TB 数控系统 CRT 显示器如图 2-1 所示。

图 2-1　FANUC0i Mate-TB 数控系统 CRT 显示器

2. 面板键盘说明

FANUC0i Mate-TB 数控系统键盘说明见表 2-1。

表 2-1 FANUC0i Mate-TB 数控系统键盘说明

名　　称	功　能　说　明
复位键 RESET	按下这个键可以使 CNC 复位或者取消报警等
帮助键 HELP	当对 MDI 键的操作不明白时，按下这个键可以获得帮助
软键	根据不同的画面，软键有不同的功能。软键功能显示在屏幕的底端
地址和数字键 O_P	按下这些键可以输入字母、数字或者其他字符
切换键 SHIFT	在键盘上的某些键具有两个功能。按下<SHIFT>键可以在这两个功能之间进行切换
输入键 INPUT	当按下一个字母键或者数字键时，再按该键数据被输入到缓冲区，并且显示在屏幕上。要将输入缓冲区的数据拷贝到偏置寄存器中等，请按下该键。这个键与软键中的[INPUT]键是等效的
取消键 CAN	取消键，用于删除最后一个进入输入缓存区的字符或符号
程序功能键 ALTER、INSERT、DELETE	ALTER：替换键，INSERT：插入键，DELETE：删除键
功能键 POS PROG OFFSET SETTING SYSTEM MESSAGE CUSTOM GRAPH	按下这些键，切换不同功能的显示屏幕
光标移动键 ← ↑ → ↓	有四种不同的光标移动键： → 这个键用于将光标向右或者向前移动； ← 这个键用于将光标向左或者往回移动； ↓ 这个键用于将光标向下或者向前移动； ↑ 这个键用于将光标向上或者往回移动
翻页键 PAGE↑ PAGE↓	有两个翻页键： PAGE↑ 该键用于将屏幕显示的页面往前翻页； PAGE↓ 该键用于将屏幕显示的页面往后翻页

3. 功能键和软键

（1）功能键：用来选择将要显示的屏幕画面，按下功能键之后再按下与屏幕文字相对的软键，就可以选择与所选功能相关的屏幕。

POS：按下这一键以显示位置屏幕；

PROG：按下这一键以显示程序屏幕；

OFFSET SETTING：按下这一键以显示偏置/设置（SETTING）屏幕；

SYSTEM：按下这一键以显示系统屏幕；

MESSAGE：按下这一键以显示信息屏幕；

CUSTOM GRAPH：按下这一键以显示用户宏屏幕。

（2）软键：主要显示一个更详细的屏幕，可以在按下功能键后按软键，最左侧带有向左箭头的软键为菜单返回键，最右侧带有向右箭头的软键为菜单继续键。

（3）输入缓冲区：当按下一个地址或数字键时，与该键相应的字符就立即被送入输入缓冲区，输入缓冲区的内容显示在 CRT 屏幕的底部。

为了标明这是键盘输入的数据，在该字符前面会立即显示一个符号">"。在输入数据的末尾显示一个光标"＿"，标明下一个输入字符的位置，如图 2-2 所示。

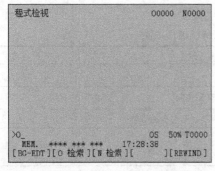

图 2-2　光标"＿"位置

为了输入同一个键上右下方的字符，首先按下 ⌗ 键，然后按下需要输入的键就可以了。例如要输入字母 P，首先按下 ⌗ 键，这时 shift 键变为红色 ⌗，然后按下 ⌗ 键，缓冲区内就可显示字母 P。再按一下 ⌗ 键，shift 键恢复成原来颜色，表明此时不能输入右下方字符，按下 ⌗ 键可取消缓冲区最后输入的字符或者符号。

4. FANUC0i Mate-TB 数控系统机床操作面板

FANUC0i Mate-TB 数控系统机床操作面板如图 2-3 所示。

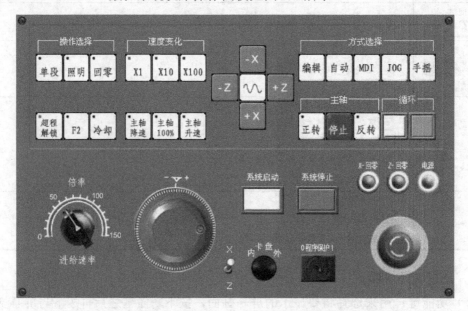

图 2-3　FANUC0i Mate-TB 数控系统机床操作面板

FANUC0i Mate-TB 数控系统机床操作面板说明见表 2-2。

表 2-2　FANUC0i Mate-TB 数控系统机床操作面板说明

名　称	功　能　说　明
方式选择键： 编辑 自动 MDI JOG 手摇	方式选择键是用来选择系统的运行方式： 编辑：按下该键，进入编辑运行方式可输入程序及更改程序； 自动：按下该键，进入自动运行方式可按照输入的程序自动运行； MDI：按下该键，进入 MDI 运行方式输入一段指令，机床可按照指令运动； JOG：按下该键，进入 JOG 运行方式手动使溜板连续移动； 手摇：按下该键，进入手轮运行方式使溜板移动

名　称	功　能　说　明
操作选择键： 单段 照明 回零	操作选择键用来开启单段、回零操作： 单段：按下该键，进入程序的一段运行方式，执行完一段程序后，程序停止机床处于进给保持状态； 照明：按下该键，机床照明灯的开启； 回零：按下该键，可以进行返回机床参考点操作（即机床回零）
主轴旋转键： 正转 停止 反转	主轴旋转键用来开启和关闭主轴： 正转：按下该键，主轴正转； 停止：按下该键，主轴停转； 反转：按下该键，主轴反转
进给轴和方向选择开关 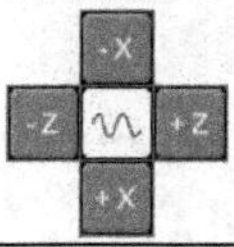 -X -Z +Z +X	用来选择机床欲移动的轴和方向。其中的 为快进开关。当按下该键后，该键变为红色，表明快进功能开启。再按一下该键，该键的颜色恢复成白色，表明快进功能关闭
主轴倍率键： 主轴降速 主轴100% 主轴升速	在自动或 MDI 方式下，当 S 代码的主轴速度偏高或偏低时，可用来修调程序中编制的主轴速度。 按主轴100%（指示灯亮），主轴修调倍率被置为 100%，按一下主轴升速，主轴修调倍率递增 5%；按一下主轴降速，主轴修调倍率递减 5%
超程解除 超程解锁	解除 X、Z 两轴的超行程警报按键
循环启动/停止键： 	在自动加工运行和 MDI 运行时启动和停止
JOG 进给倍率刻度盘 	调节 JOG 进给的倍率旋钮。倍率值从 0～150%。每格为 10%。 旋钮逆时针旋转一格为减小 10%；旋钮顺时针旋转一格为增加 10%
系统启动/停止  系统启动 系统停止	开启和关闭数控系统按键。在通电开机和关机的时候用到
电源/回零指示灯  X-回零 Z-回零 电源	显示系统是否开机和回零的情况。当系统开机后，电源灯始终亮着。当进行机床回零操作时，某轴返回零点后，该轴的指示灯亮，离开参考点则熄灭
急停按钮 	用于锁住机床。按下急停按钮时，机床立即停止运动。急停按钮抬起后，该按钮下方有阴影，见下图（a）；急停按钮按下时，该按钮下方没有阴影，见下图（b） 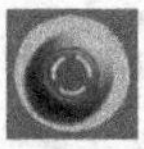 （a） 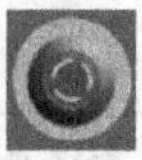　　　　　（b）
手轮进给倍率键 X1 X10 X100	用于选择手轮移动倍率。按下所选的倍率键后，该键左上方的红灯亮。 X1 表示倍率为 0.001，X10 表示倍率为 0.010，X100 表示倍率为 0.100
手轮进给轴选择开关	手轮模式下用来选择 X、Z 轴的移动： 开关扳手向上指向 X，表明选择的是 X 轴；开关扳手向下指向 Z，表明选择的是 Z 轴
手轮 	手轮模式下通过手轮进给轴选择开关使 X、Z 轴移动

模块二　数控车床基本操作

二、西门子 802D 数控系统的面板介绍

1. CRT 显示器

西门子 802D 数控系统 CRT 显示器如图 2-4 所示。

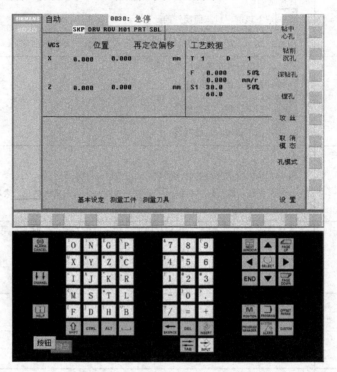

图 2-4　西门子 802D 数控系统 CRT 显示器

2. 键盘说明

西门子 802D 数控系统的面板键盘说明见表 2-3。

表 2-3　西门子 802D 数控系统的面板键盘说明

名　称	功　能　说　明
复位键 //	取消报警或可使 CNC 复位等
帮助键 HELP	当对 MDI 键的操作不明白时，按下这个键可以获得帮助
软键	根据不同的画面，软键有不同的功能。软键功能显示在屏幕的底端
地址和数字键 X 7	按下这些键可以输入字母，数字或者其他字符
切换键 SHIFT	在键盘上的某些键具有两个功能。按下<SHIFT>键可以在这两个功能之间进行切换
输入键 INPUT	当按下一个字母键或者数字键时，再按该键数据被输入到缓冲区，并且显示在屏幕上。要将输入缓冲区的数据拷贝到偏置寄存器中等，请按下该键。这个键与软键中的[INPUT]键是等效的
取消键 CAN	取消键，用于删除最后一个进入输入缓存区的字符或符号
功能键 POSITION PROGRAM OFFSET PARAM PROGRAM MANAGER SYSTEM ALARM CUSTOM	按下这些键，切换不同功能的显示屏幕

名 称	功 能 说 明
光标移动键 ▲ ▶ ▼ ◀ SELECT	有四种不同的光标移动键： ▶ 将光标向右或者向前移动； ◀ 将光标向左或者往回移动； ▼ 将光标向下或者向前移动； ▲ 将光标向上或者往回移动
翻页键 PAGE UP PAGE DOWN	有两个翻页键： PAGE DOWN 该键用于将屏幕显示的页面往前翻页； PAGE UP 该键用于将屏幕显示的页面往后翻页

3. 功能键

功能键用来选择将要显示的屏幕画面，按下功能键之后再按下与屏幕文字相对的软键，就可以选择与所选功能相关的屏幕。

M POSITION：加工显示位置键；

PROG：按下这一键以显示程序屏幕；

OFFSET SETTING：按下这一键以显示偏置/设置（SETTING）屏幕；

PROGRAM MANAGER：按下这一键以显示系统屏幕；

SYSTEM ALARM：按下这一键以显示信息屏幕；

CUSTOM GRAPH：按下这一键以显示用户宏屏幕。

4. 西门子802D数控系统机床操作面板

西门子802D数控系统机床操作面板如图2-5所示。

图2-5　西门子802D数控系统机床操作面板

西门子802D数控系统机床操作面板说明见表2-4。

表2-4　西门子802D数控系统机床操作面板说明

//	复位	⏻↻	主轴正转
◎	数控加工中循环停止	⏻↺	主轴反转
◇	数控加工循环启动	⏻○	主轴停止
[.]	增量选择	∿	X、Z轴快速移动
∿	X、Z轴进给点动	+X −X	X轴正负移动方向

	参考点	+Z −Z	Z轴正负移动方向
	自动加工模式中		自动加工模式中,单段运行
	手动模式		
	进给速度调节旋钮		紧急停止旋钮

三、HNC21T 数控系统的面板介绍

1. CRT 显示器

HNC21T 数控系统的面板 CRT 显示器如图 2-6 所示。

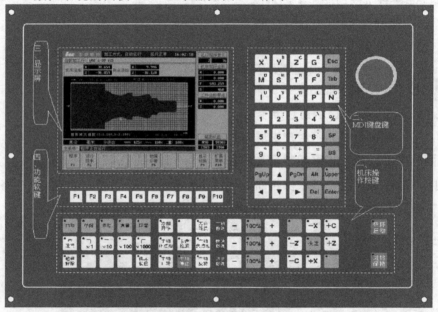

图 2-6　HNC21T 数控系统的面板 CRT 显示器

2. 键盘说明

HNC21T 数控系统的面板键盘说明见表 2-5。

表 2-5　HNC21T 数控系统的面板键盘说明

名　　称	功　能　说　明
字母和数字键 M⁰ 1"	可输入字母,数字或者其他字符
上挡键 Upper	在字母和数字键具有两个功能的情况下按<UPPER>键可以在这两个功能之间进行切换
确认键 Enter	确认当前选择的程序及刀具号等
回退键 BS	删除光标前的一个字符,光标向前移动一个字符位置

名　称	功能说明
删除键 Del	删除光标所在位置的数据；删除某一个程序或全部程序
光标移动键 ▲ ◀ ▶ ▼	有四种不同的光标移动键： ▶　光标向右移动； ◀　光标向左移动； ▼　光标向下移动； ▲　光标向上移动
翻页键 PgUp PgDn	PgUp 向上翻一页使编辑程序向程序头滚动一屏，光标位置不变。 PgDn 向下翻一页使编辑的程序向后滚动一屏，光标位置不变

3．功能键

（1）功能键

操作界面中，菜单命令条是非常重要的内容之一。系统功能的操作主要通过菜单命令条中的功能键 F1~F10 来完成。由于每个功能包括不同的操作，菜单采用层次结构，即在主菜单下选择一个菜单项后，数控装置会显示该功能下的子菜单，用户可根据该子菜单的内容选择所需的操作，如图 2-7 所示。

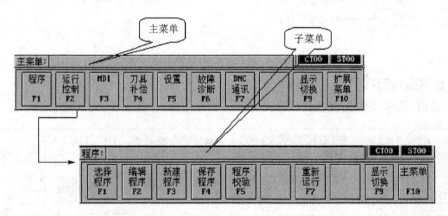

图 2-7　菜单层次图

（2）菜单结构

HNC-21T 的主要功能菜单结构如图 2-8 所示。

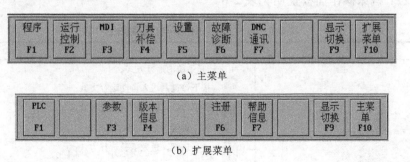

图 2-8

19

模块二　数控车床基本操作

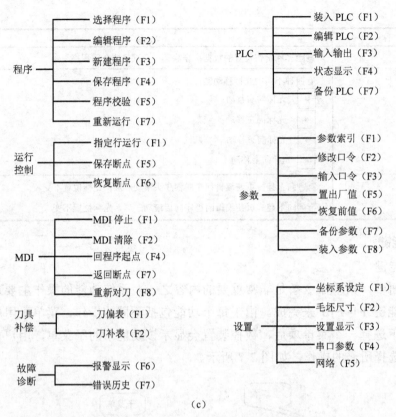

（c）

图 2-8 HNC-21T 主要功能菜单结构表

4. 机床操作面板

HNC-21T 机床操作面板如图 2-9 所示。

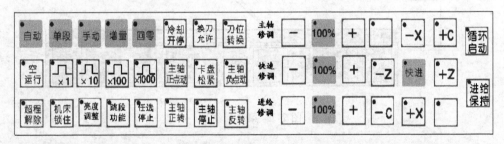

图 2-9 HNC-21T 机床操作面板

HNC-21T 机床操作面板说明见表 2-6。

表 2-6 HNC-21T 机床操作面板说明

名　称	功 能 说 明
方式选择键 自动 单段 手动 墙量 回零	用来选择系统的运行方式。 自动：按下该键，进入自动运行方式； 单段：按下该键，进入单段运行方式； 手动：按下该键，进入 JOG 运行方式； 墙量：按下该键，进入手轮运行方式； 回零：按下该键，可以进行返回机床参考点操作（即机床回零）

名　　称	功　能　说　明
操作选择键 冷却开停 刀位选择 刀位转换	冷却开停：按下该键，用来开启冷却； 刀位选择：按下该键，用来选择刀具； 刀位转换：按下该键，用来转换刀具
主轴旋转键 主轴正转 主轴停止 主轴反转	用来开启和关闭主轴： 主轴正转：按下该键，主轴正转； 主轴停止：按下该键，主轴停转； 主轴反转：按下该键，主轴反转
循环启动/停止键 循环启动 进给保持	用来开启和关闭，在自动加工运行和 MDI 运行时都会用到它们
主轴倍率键 主轴修调 − 100% +	在自动或 MDI 方式下，当 S 代码的主轴速度偏高或偏低时，可用来修调程序中编制的主轴速度 按100%（指示灯亮）键，主轴修调倍率被为100%，按下 + 键，主轴修调倍率递增 2%；按下 − 键，主轴修调倍率递减 2%
快速进给倍率键 快速修调 − 100% +	在自动或 MDI 方式下，当 G00 代码的速度偏高时，可用来修调程序中编制的 G00 速度 按100%（指示灯亮）键，主轴修调倍率被置为100%，按下 + 键，主轴修调倍率递增 10%；按下 − 键，主轴修调倍率递减 10%
进给倍率键 进给修调 − 100% +	在自动或 MDI 方式下，当 F 代码的速度偏高或偏低时，可用来修调程序中编制的 F 速度。 按100%（指示灯亮）键，主轴修调倍率被置为100%，按一下 + ，主轴修调倍率递增 10%；按一下 − ，主轴修调倍率递减 10%
超程解除 超程解除	在伺服轴行程的两端各有一个极限开关，作用是防止伺服机构碰撞而损坏。每当伺服机构碰到行程极限开关时，就会出现超程。当某轴出现超程（"超程解除"按键内指示灯亮）时，系统视其状况为紧急停止，要退出超程状态时，必须做到： （1）松开"急停"按钮，置工作方式为"手动"或"手摇"方式； （2）一直按压着"超程解除"按键（控制器会暂时忽略超程的紧急情况）； （3）在手动（手摇）方式下，使该轴向相反方向退出超程状态； （4）松开"超程解除"按键。 若显示屏上运行状态栏"运行正常"取代了"出错"，表示恢复正常，可以继续操作
进给轴和方向选择键 −X +C −Z 快进 +Z −C +X	用来选择机床两轴移动方向： 其中的 快进 为快进按键。当按下该键后，该键变为红色，表明快进功能开启。再按一下该键，该键的颜色恢复成白色，表明快进功能关闭
急停按钮  按照旋转箭头方向轻微旋转，按钮方可抬起。	用于锁住机床。按下急停按钮时，机床立即停止运动。急停按钮抬起后，该按钮下方有阴影，见下图（a）；急停按钮按下时，该按钮下方没有阴影，见下图（b）。  （a） 　　　　　　　　（b）

名　称	功　能　说　明
手轮进给倍率键 ×1 ×10 ×100 ×1000	用于选择手轮移动倍率。按下所选的倍率键后，该键左上方的红灯亮。 ×1 键倍率为 0.001，×10 键倍率为 0.010，×100 键倍率为 0.100， ×1000 键倍率为 1
手轮	当手持单元的坐标轴选择波段开关置于"X"、"Z"挡时，按一下控制面板上的"增量"按键（指示灯亮），系统处于手摇进给方式，可手摇进给机床坐标轴（下面以手摇进给 X 轴为例说明）： ①手持单元的坐标轴选择波段开关置于"X"挡； ②手动顺时针/逆时针旋转手摇脉冲发生器一格，X 轴将向正向或负向移动一个增量值。 用同样的操作方法使用手持单元，可以使 Z 轴正向或负向移动一个增量值。 手摇进给方式每次只能增量进给 1 个坐标轴
机床锁住键 机床锁住	用来禁止机床坐标轴移动

四、GSK980T 数控系统的面板介绍

1. CRT 显示器

GSK980T 数控系统的面板 CRT 显示器如图 2-10 所示。

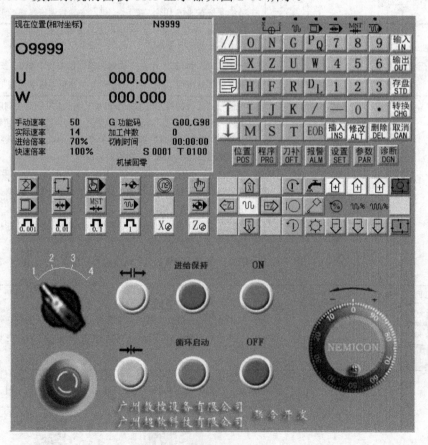

图 2-10　GSK980T 数控系统的面板 CRT 显示器

2. 键盘说明

GSK980T 数控系统的面板键盘说明见表 2-7。

表 2-7　GSK980T 数控系统的面板键盘说明

名　　　称	功　能　说　明
复位键 `//`	GSK980T 有异常输出或坐标轴异常动作时，按下这个键可以使 GSK980T 处于复位状态或取消报警等；自动运行结束，模态功能、状态保持
字母和数字键 `P` `Q` `7`	按下这些键可以输入字母，数字或者其他字符
切换键 `转换CHG`	在键盘上的某些键具有两个功能。按下<CHG>键可以在这两个功能之间进行切换
程序功能键 `输入IN` `输出OUT` `修改ALT` `插入INS` `删除DEL` `取消CAN`	`输入IN` 输入键：用于输入程序，补偿量等数据，MDI 方式下程序段指令的输入； `输出OUT` 输出键：用于程序输出； `插入INS` 插入键：在编辑方式下插入字段； `修改ALT` 修改键：在编辑方式下修改字段； `删除DEL` 删除键：编辑工作方式中删除数字、字母、程序段或整个程序； `取消CAN` 取消键：消除 LCD 所显示输入缓冲寄存器的字符或符号
功能键 `位置POS`、`程序PRG`、`刀补OFT`、`设置SET`、`参数PAR`	按下这些键，切换不同功能的显示屏幕

光标移动键
`↑`
`↓`
	`↑` 向上查找键：以区分单位使光标向上或向左移动一个区分单位。
	`↓` 向下查找键：使光标向下向右移动一个区分单位。（持续地按光标上下键时，可使光标连续移动。用于设定参数开关的开与关及位参数，位诊断详细显示的位选择

翻页键 `▤` `▤`	有两个翻页键。 `▤` 该键用于将屏幕显示的页面往前翻页。 `▤` 该键用于将屏幕显示的页面往后翻页

3. 功能键

功能键用来选择将要显示的屏幕画面，按下功能键之后再按下与屏幕文字相对的软键，就可以选择与所选功能相关的屏幕。

`位置POS`位置键：按下此键，LCD 显示现在的位置，含[相对]、[绝对]、[总和]三个子项，分别显示相对坐标位置，绝对坐标位置及总和位置（各种坐标），通过翻页键转换；

`程序PRG`程序键：程序的显示、编辑等，含[MDI/模]，[程序]，[现/模]，[目录/存储量]四个子项；

`刀补OFT`刀补键：刀具补偿量的显示和设定；

`设置SET`设置键：显示，设置各种设置的参数，参数开关和程序开关的状态；

`参数PAR`参数键：参数的显示和修改。

4. 机床操作面板

GSK980T 数控系统机床操作面板如图 2-11 所示。

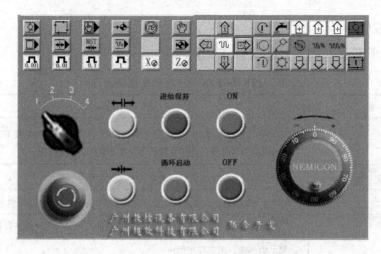

图 2-11　GSK980T 数控系统机床操作面板

GSK980T 数控系统机床操作面板说明见表 2-8。

表 2-8　GSK980T 数控系统机床操作面板说明

名　称	功　能　说　明
方式选择键	用来选择系统的运行方式： ：按下该键，进入编辑运行方式； ：按下该键，进入自动运行方式； ：按下该键，进入 MDI 运行方式； ：按下该键，进入回零运行方式； ：按下该键，进入手轮运行方式； ：按下该键，进入手动运行方式
操作选择键	单段方式：在自动方式下程序单段运行； 机床锁住：锁住床身后，X、Z 不运动； MST 功能锁住：锁住 M、S、T 功能不运动； 空运行：用于效验程序
主轴旋转键	用来开启和关闭主轴： ：按下该键，主轴正转； ：按下该键，主轴停转； ：按下该键，主轴反转
循环启动/停止键	用来开启和关闭，在自动加工运行和 MDI 运行时都会用到它们
主轴倍率键	在自动或 MDI 方式下，当 S 代码的主轴速度偏高或偏低时，可用来修调程序中编制的主轴速度。 按　（指示灯亮），主轴修调倍率被置为 100%，按一下　，主轴修调倍率递增 5%；按一下　，主轴修调倍率递减 5%
卡盘收紧/松开键	卡盘收紧：持续按下此键卡盘自动收紧； 卡盘松开：持续按下此键卡盘自动松开

名　称	功　能　说　明
进给轴和方向选择开关 	 用来选择机床两轴的移动方向。其中 为快进开关。当按下该键后，该键变为红色，表明快进功能开启。再按一下该键，该键的颜色恢复成白色，表明快进功能关闭
系统启动/停止 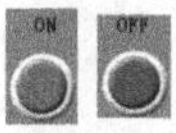	 电源接通键：当电源接通时，LCD 画面上有内容显示； 电源关闭键：当电源断开时，LCD 画面上有内容显示
电源/回零指示灯 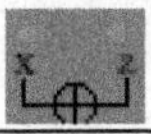	用来表明系统是否开机和回零的情况。当系统开机后，电源灯始终亮着。当进行机床回零操作时，某轴返回零点后，该轴的指示灯亮，离开参考点则熄灭
急停键 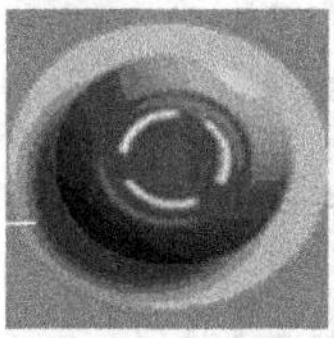	用于锁住机床。按下急停键时，机床立即停止运动； 急停键抬起后，该键下方有阴影，见下图（a）；急停键按下时，该键下方没有阴影，见下图（b） 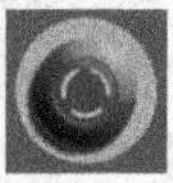（a） 　　　　　（b）
手轮进给倍率键 	用于选择手轮移动倍率。按下所选的倍率键后，该键左上方的红灯亮。 倍率为 0.001、  倍率为 0.010、  倍率为 0.100
手轮 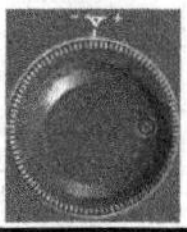	手轮模式下用来控制 X、Z 轴的两个方向移动

项目 2.2　数控车床的基本对刀操作

[项目目的]

- 1. 掌握熟练操作数控车床 FANUC0i Mate-TB 系统的对刀方法；
- 2. 掌握熟练操作数控车床西门子 802D 数控系统的对刀方法；
- 3. 掌握熟练操作数控车床 HNC21T 系统的对刀方法；
- 4. 掌握熟练操作数控车床 GSK980T 系统的对刀方法。

[项目内容]

熟练操作四种典型的数控车床对刀方式。

[相关知识点析]

一、掌握熟练操作数控车床 FANUC0i Mate-TB 系统的对刀方法

建立工件坐标系，具体操作步骤：

① 开机回零后，JOG 方式 ，按刀位旋转键，转动 1 号刀为当前工作刀具（例如先从 1 号刀开始对）；

② 按 键，使主轴正转；[正转][停止][反转]

③ 选择手轮 ，移动刀具，用刀具在工件外圆处轻轻试切一刀，X 轴方向不动，Z 轴方向水平移到安全位置，按 键，主轴停转；

④ 把测量到的值记下，例如测量直径为 25.1，按 键，显示 页，如图 2-12 所示；

图 2-12　 画面

⑤ 用 ""、""、""、"" 键，把光标移动到 NO 01 号刀 "X" 位置，用数字键输入 "ϕ 25.1" 按 键，系统自动算出实际刀补，如图 2-13 所示；

图 2-13　实际刀补画面

⑥ 在手轮 方式下，使刀具在工件右端面轻轻车一刀，Z 轴方向不动，X 轴方向垂直移出到安全位置；

⑦ 按 键，显示 页，用 ""、""、""、"" 键，把光标移动到 "01" 号刀的 "Z" 位置，输入 "0"，按 键，系统自动算出实际 Z 向刀补，1 号刀

对刀完成；

⑧ 按刀位旋转键，把 2 号刀转到当前工作位置，X 轴方向跟 1 号刀同样操作，把测量到的数值输入到 NO 02 号刀 X 值上；Z 轴方向移动刀尖到与右端面平齐，沿着 X 轴方向垂直移到安全位置，把光标移动到 NO 02 号刀的 "Z" 位置，输入 "0"，按 [INPUT] 键，系统自动算出实际 Z 向刀补，2 号刀对刀完成。

同上方法，可以对 3 号刀、4 号刀……进行对刀。

二、掌握熟练操作数控车床西门子 802D 数控系统的对刀方法

建立工件坐标系。具体操作步骤如下：

① 开机回零后，JOG 方式 [JOG]，按刀位旋转键，转动 1 号刀为当前工作刀具（例如先从 1 号刀开始对）；

② 按 [回] 键，使主轴正转；[回][回][回]

③ 选择手轮 [O]，移动刀具，用刀具在工件外圆处试切一刀，X 轴方向不动，Z 轴方向水平移到安全位置，按 [回] 键，主轴停转，用游标卡尺测量工件直径；

④ 把测量到的直径尺寸记录下来，例如直径为 $\phi 25.1$mm，在 "[OFFSET SETTING] 参数" 菜单下，点击刀具测量按键，打开刀具补偿窗口；

⑤ 用 "[↑]"、"[↓]"、"[←]"、"[→]" 键，把光标移动到直径 X 处，把测量工件直径 "$\phi 25.1$" 输入到 101 号的位置中，按确认键系统自动算出实际刀补；

⑥ 在手轮 [O] 方式下，使刀具在工件右端面试车一刀，Z 轴方向不动，X 轴方向垂直移出到安全位置；

⑦ 在 "参数" 菜单下，单击 "刀具测量"，打开刀具补偿窗口；

用 "[↑]"、"[↓]"、"[←]"、"[→]" 键，把光标移动到 Z 处，输入数字 0 键，系统自动算出 Z 向实际刀补位置，这样就完成了 1 号刀工件零点设定；

⑧ 按刀位旋转键，把 2 号刀转到当前工作位置，X 轴方向跟 1 号刀同样操作，把测量到的数值输入到 102 号刀直径 X 处；Z 轴移动，刀尖与右端面平齐，沿着 X 方向垂直移到安全位置，把显示光标移动到 102 号刀的 Z 处，输入 "0"，按对刀键，系统自动算出实际 Z 向刀补，2 号刀对刀完成。

同上方法，可以对 3 号刀、4 号刀进行对刀。

三、掌握熟练操作数控车床 HNC21T 系统的对刀方法

建立工件坐标系。具体操作步骤如下：

① 开机回零后，手动方式，按刀位旋转键，转动 1 号刀为当前工作刀具（例如先从 1 号刀开始对）；

② 按 [正转] 键，主轴正转；[正转][停止][反转]

③ 选择手轮 [O]，移动刀具，使刀具在工件外圆处试切一刀，然后退刀，X 轴方向不动，沿 Z 轴方向水平移动到安全位置，按 [停止] 键，主轴停转；

④ 进行工件直径测量，把测量到的值记下，例如测量直径为 $\phi 25.1$，在 "刀具补偿 F4" 菜单下，单击 "刀偏表 F1"，即打开刀具补偿窗口，如图 2-14 所示；

模块二 数控车床基本操作

27

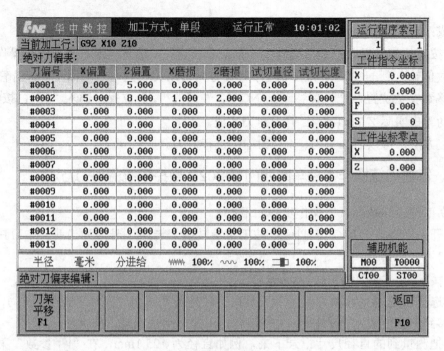

图 2-14　刀具补偿画面

⑤ 用 "↑"、"↓"、"←"、"→" 键，把光标移动到 #0001 号刀偏对应的试切直径处，输入试切直径 "ϕ25.1"，按 Enter 键，系统自动算出实际刀补 X 偏置；

⑥ 在手轮　方式下，使刀具在工件右端面试车一刀，Z 轴方向不动，沿 X 轴方向垂直移出到安全位置；

⑦ 在 "刀具补偿 F4" 菜单下，单击 "刀偏表 F1" 打开刀具补偿窗口，用 "↑"、"↓"、"←"、"→" 键，把光标移动到 #0001 号刀具对应的试切长度处，键入 0，按 Enter 键，系统自动算出实际 Z 向刀补，1 号刀具对刀完成；

⑧ 按刀位旋转键，把 2 号刀具转到当前工作位置，X 轴方向跟 1 号刀具同样操作，把测量到的数值输入到 #0002 号刀具对应的试切直径；按确认键，X 轴方向对刀完成，然后把光标移到试切长度上，Z 轴方向移动，使刀尖与工件右端面对齐，沿着 X 轴方向垂直退刀到安全位置，在 "试切长度处"，输入 "0"，按确认键，系统自动算出实际 Z 向刀补，2 号刀具对刀完成。

同上方法，可以对 3 号刀、4 号刀……进行对刀。

四、掌握熟练操作数控车床 GSK980T 系统的对刀方法

建立工件坐标系。具体操作步骤如下：

① 开机回零后，　方式，按　键，转动 1 号刀具为当前工作刀具（例如先从 1 号刀开始对刀）；

② 按　键，使主轴正转；

③ 选择手轮　，移动刀具，使刀具在工件外圆处试切一刀，然后沿 Z 轴方向移动退刀到安全位置，X 轴方向不动，按　键，主轴停转；

④ 测量工件直径值记下，例如测量直径为 $\phi 25.1$，按 $\boxed{\begin{smallmatrix}刀补\\OFT\end{smallmatrix}}$ 键，再连按两次，显示下一页 $\boxed{\equiv}$，如图 2-15 所示；

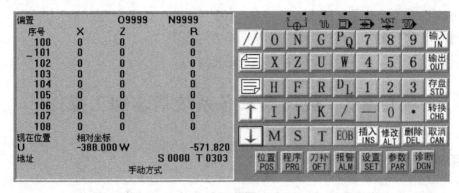

图 2-15　$\boxed{\begin{smallmatrix}刀补\\OFT\end{smallmatrix}}$ 画面

⑤ 用 $\boxed{\uparrow}$、$\boxed{\downarrow}$ 键，把光标移动到 "101" 号刀位置，输入 "X25.001" 按 $\boxed{\begin{smallmatrix}输入\\IN\end{smallmatrix}}$ 键，系统自动算出实际刀补，如图 2-16 所示；

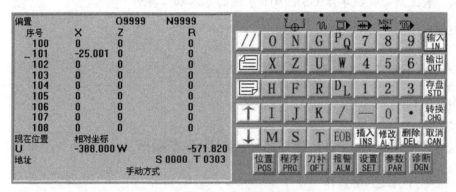

图 2-16　实际刀补画面

⑥ 在手轮 $\bigcirc$ 方式下，使 1 号刀具在工件右端面试车一刀，Z 轴方向不动，X 轴方向垂直退刀移到安全位置；

⑦ 按 $\boxed{\begin{smallmatrix}刀补\\OFT\end{smallmatrix}}$ 键，再连按两次，显示下一页 $\boxed{\equiv}$，用 $\boxed{\uparrow}$、$\boxed{\downarrow}$ 键，把光标移动到 "101" 号刀的 "Z" 位置，输入 "Z0"，按 $\boxed{\begin{smallmatrix}输入\\IN\end{smallmatrix}}$ 键，系统自动算出实际 Z 向刀补，1 号刀对刀完成，如图 2-17 所示；

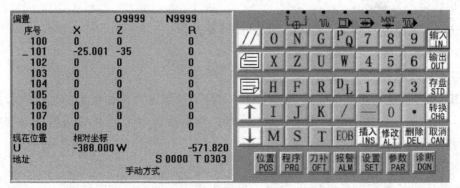

图 2-17　$\boxed{\begin{smallmatrix}刀补\\OFT\end{smallmatrix}}$ 刀的 "Z" 位置画面

模块二　数控车床基本操作

29

⑧ 按 ⬡ 键，把 2 号刀具转到当前工作位置，X 轴方向跟 1 号刀具同样操作，把测量到的数值输入到"102"号刀 X 值上，Z 轴方向移动刀尖到与工件右端面平齐，沿着 X 轴方向垂直退到安全位置，把光标移动到"102"号刀的"Z"位置，输入"Z0"，按 输入IN 键，系统自动算出实际 Z 向刀补，2 号刀具对刀完成；

同上方法，可以对 3 号刀、4 号刀……进行对刀。

项目 2.3　数控车床各系统基本加工操作

[项目目的]

■ 1. 掌握熟练数控车床 FANUC0i Mate-TB 系统的基本加工操作；
■ 2. 掌握熟练数控车床西门子 802D 数控系统的基本加工操作；
■ 3. 掌握熟练数控车床 HNC21T 系统的基本加工操作；
■ 4. 掌握熟练数控车床 GSK980T 系统的基本加工操作。

[项目内容]

熟练掌握四种典型的数控车床操作方式。

[相关知识点析]

一、FANUC0i Mate-TB 数控系统的机床基本操作

1. 通电开机及回零操作

① 按下机床面板上的系统启动键 🔲，接通电源，显示屏由原先的黑屏变为有文字显示，电源指示灯亮 🔘；

② 按急停键，使急停键抬起 🔘；

③ 这时系统完成上电复位，可以进行操作；

④ 选择回零方式 回零，分别点击方向轴 +Z 、 -X ，该轴返回机床机械零点，回到零点后，面板指示灯 亮。

注：① 关掉电源,重新开机后,必须执行回零操作；

② 回零操作时，进给速率不能为"0"。

2. 手动方式操作

JOG 进给就是手动连续进给。在 JOG 方式下，按机床操作面板上的进给轴和方向选择开关，机床沿选定轴的选定方向移动，手动连续进给速度可用 JOG 进给倍率刻度盘调节。操作步骤如下：

① 按下 JOG 按键 JOG ，系统处于 JOG 运行方式；

② 按下进给轴和方向选择开关 ✛，机床沿选定轴的选定方向移动；

③ 可在机床运行前或运行中使用 JOG 进给倍率刻度盘 ，根据实际需要调节进给速度；

④ 如果在按下进给轴和方向选择开关前按下快速移动开关，则机床按快速移动速度运行。

3. 手轮进给

在手轮方式下，可使用手轮使机床发生移动，操作步骤如下：

① 按手摇键 手摇，进入手轮方式；

② 按手轮进给轴选择开关 ，选择机床要移动的轴；

③ 按手轮进给倍率键 X1 X10 X100，选择移动倍率；

④ 根据需要移动的方向，旋转手轮 ，同时机床发生移动。

4. 录入方式（MDI 方式）

由 MDI 操作面板输入一个指令并可以执行。具体操作步骤如下：

① 选择录入方式 MDI；

② 按 PROG 按钮；

③ 在 MDI 方式输写指令，如输写 G01 X20.5；

④ 按 INSERT 键，G01 X20.5 数据被输入并显示；在按 INSERT 键之前，如果发现键入的数字是错误的，按 CAN 键，可以再一次的输写正确指令；

⑤ 按 键，程序即被执行。

5. 编辑方式

选择编辑方式 编辑，可编辑、修改、存储、调入 NC 程序。但必须注意进行程序的编辑时，在没有报警的情况下，程序锁也必须打开。具体操作步骤如下：

① 把程序保护开关置于 ON 上 ；

② 选择编辑方式 编辑；

③ 按程序 PROG 键后，显示程序一览画面；

④ 按 O×××××，如果此程序存在请按 键；如果程序不存在请按 INSERT 键，即可进行程序的编写（×××××为程序号，从 0～9）。

6. 自动运转方式

（1）自动运转的启动操作步骤

① 选择编辑方式 编辑，PROG 里选择好当前操作的程序；

② 选择自动方式 自动；

③ 按操作面板上的循环启动 键。

（2）自动运转的停止操作步骤

按下进给保持 键或复位 RESET 键可暂停或终止自动运行。

注： 进给保持，按下该键后，进给为零，当再按循环启动 键，机床接着运行程序；RESET 复位键，按下该键后，主轴停转，程序回到开始。

（3）单程序段运行操作步骤

在程序执行过程中，若按下单段键 单段，执行一个程序段后，机床停止。若按循环启动█键，下一个程序段执行后，机床停止。

7. 加工一个完整工件的操作流程

① 接通电源█；

② 原点复归（回零操作），详见"回零操作"；

③ 根据程序单要求，安装工件，安装刀具，并对刀，对刀详见"对刀操作"；

④ 编辑方式下，█里，直接通过面板输入程序，或在 MASTERCAM、UG 编程软件里后处理出来加工程序，用写字板打开，"编辑"下拉菜单里选择"全选"、"复制"，再在本仿真系统 LCD 显示框里，利用 CTRL＋V（粘贴）程序，按█复位键,程序回到程序头部；

⑤ 自动运行模式下，按下█键；

⑥ 加工完成后，断开电源█，离开本系统。

二、西门子 802D 数控系统的机床基本操作

1. 通电开机及回零操作

① 按下机床面板上的系统启动键█，接通电源，显示屏由原先的黑屏变为有文字显示；

② 按急停键，使急停键抬起█；

③ 这时系统完成上电复位，可以进行操作；

④ 选择回零方式█，分别点击方向轴█、█，该轴返回机床机械零点。

注：① 关掉电源，重新开机后，必须执行回零操作；

② 回零操作时，进给速率不能为"0"█。

2. 手动方式操作

JOG 进给就是手动连续进给。在 JOG 方式下，按机床操作面板上的进给轴和方向选择开关，机床沿选定轴的选定方向移动。手动连续进给速度可用 JOG 进给倍率刻度盘调节。具体操作步骤如下：

① 按下 JOG 按键█，系统处于 JOG 运行方式；

② 按下进给轴和方向选择开关█，机床沿选定轴的选定方向移动；

③ 可在机床运行前或运行中使用 JOG 进给倍率刻度盘█，根据实际需要调节进给速度；

④ 如果在按下进给轴和方向选择开关前按下快速移动开关，则机床按快速移动速度运行。

3. 手轮进给

在手轮方式下，可使用手轮使机床发生移动。具体操作步骤如下：

① 按手摇键█，进入手轮方式；

② 按下坐标轴方向键，坐标轴以选择的步进增量运行；

③ 按手轮进给倍率键█ █ █，选择移动倍率；

④ 根据需要移动的方向，旋转手轮█，同时机床发生移动。

4. 录入方式（MDI 方式）

由 MDI 操作面板输入一个指令并可以执行。具体操作步骤如下：

① 在机床操作面板上，单击"MDI"键 MDI ，选择 MDA 运行方式，屏幕显示如图 2-18 所示；

② 按"键盘/按钮"键，切换到数控系统面板；

③ 使用操作面板上的数字键，输入程序段；

④ 再按"按钮/键盘"键，切换回机床控制面板；

⑤ 单击"循环启动"键 循环启动 ，左侧窗口中的车床开始执行输入的程序段。

注： 如果执行中出现错误提示，如"机床不在断点上"，通常是由于前面的某些错误操作引起的，例如曾出现过超程。这时可以按"复位"键，然后再重复上述操作步骤，即可正常运行。

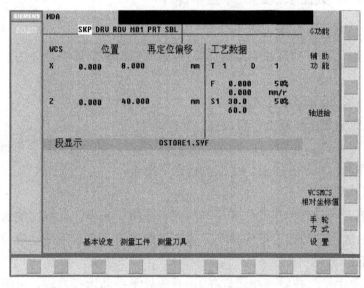

图 2-18   MDI 运行屏幕显示

5. 自动运转方式

（1）自动运转的启动操作步骤

① 选择编辑方式 编辑 ， PROG 里选择好当前操作的程序；

② 选择自动方式 ；

③ 按操作面板上的循环启动 键；

（2）自动运转的停止操作步骤

按下进给保持 键或复位 RESET 键可暂停或终止自动运行。

注： 进给保持，按下该键后，进给为零，当再按循环启动 键，机床接着运行程序； RESET 复位键,按下该键后,主轴停转,程序回到开始。

（3）单程序段运行操作步骤

在程序执行过程中，若按下单节键 ，执行一个程序段后，机床停止。若按循环启动 键，下一个程序段执行后，机床停止。

6. 加工一个完整工件的操作流程

① 接通电源 ；

② 原点复归（回零操作），详见"回零操作"；

③ 根据程序单要求，安装工件。安装刀具，并对刀。对刀详见"对刀操作"；

④ 编辑方式下， 里，直接通过面板输入程序，或在 MASTERCAM、UG 编程软件里后处理出来加工程序，用写字板打开，"编辑"下拉菜单里选择"全选"、"复制"，再在仿真系统 LCD 显示框里，利用 CTRL＋V（粘贴）程序；按 复位键,程序回到程序头部；

⑤ 自动运行模式下，按 ；

⑥ 加工完成后，断开电源 ，离开本系统。

三、HNC21T 数控系统的机床基本操作

1. 通电开机及回零操作

① 按下机床面板上的系统启动键 ，接通电源，显示屏由原先的黑屏变为有文字显示；

② 按急停键，使急停键抬起 ；

③ 这时系统完成上电复位，可以进行操作；

④ 选择回零方式 ，分别点击方向轴 、 ，该轴返回机床机械零点。

注：关掉电源，重新开机后，必须执行回零操作。

2. 手动方式操作

手动进给就是手动连续进给。在手动方式下，按机床操作面板上的进给轴和方向选择开关，机床沿选定轴的选定方向移动。手动连续进给速度可用手动进给倍率调节。具体操作步骤如下：

① 按一下"手动"按键（指示灯亮），系统处于手动运行方式，可手动移动机床坐标轴（下面以手动移动 X 轴为例说明）：

（a）按压"＋X"或"–X"按键（指示灯亮），X 轴将产生正向或负向连续移动；

（b）松开"＋X"或"–X"按键（指示灯灭），X 轴即减速停止。

用同样的操作方法使用"＋Z"、"–Z"按键，可以使 Z 轴产生正向或负向连续移动；同时按压 X 向和 Z 向的轴手动按键，可同时手动连续移动 X 轴、Z 轴；在手动连续进给方式下，进给速率为系统参数"最高快移速度"的 $\frac{1}{3}$ 乘以进给修调选择的进给倍率。

② 在手动连续进给时，若同时按压"快进"按键，则产生相应轴的正向或负向快速运动。手动快速移动的速率为系统参数"最高快移速度"乘以快速修调选择的快移倍率。

3. 手轮进给

在手轮方式下，可使用手轮使机床发生移动。具体操作步骤如下：

① 按手摇键 ，进入手轮方式；

② 按下坐标轴方向键，坐标轴以选择的步进增量运行；

③ 按手轮进给倍率键 ![×1] ![×10] ![×100] ![×1000]，选择移动倍率；

④ 根据需要移动的方向，旋转手轮 ![手轮]，同时机床发生移动；

4. 录入方式（MDI 方式）

由 MDI 操作面板输入一个指令并可以执行。具体操作步骤如下：

① 在机床操作面板上，单击"MDI"键 ![MDI F3]，选择 MDA 运行方式如图 2-19 所示；

图 2-19　MDA 运行方式

② 使用操作面板上的数字键，输入程序段；

③ 单击"循环启动"键 ![循环启动]，车床开始执行输入的程序段。

注：如果执行中出现错误提示，如"机床不在断点上"，通常是由于前面的某些错误操作引起的，例如曾出现过超程。这时可以按"复位"键，然后再重复上述操作步骤，即可正常运行。

5. 自动运转方式

（1）自动运转的启动操作步骤

① 选择自动加工方式；

② 选择加工程序 F_1，选择 ![F1]，选择要运行的程序文件名，按 ![Enter]；

③ 按操作面板上的循环启动 ![循环启动]键。

（2）自动运转的停止操作步骤

按下进给保持 ![进给保持]键或可暂停自动运行。

注：![进给保持] 进给保持，按下该键后，进给为零，当再按循环启动 ![循环启动]键，机床接着运行程序。

（3）单程序段运行操作步骤

在程序执行过程中，若按下单段键 ![单段]，执行一个程序段后，机床停止。若按循环启动 ![循环启动]键，下一个程序段执行后，机床停止。

6. 加工一个完整工件的操作流程

① 接通电源 ![启动]；

② 原点复归（回零操作），详见"回零操作"；

③ 根据程序单要求，安装工件，安装刀具，并对刀，对刀详见"对刀操作"；

④ 编辑方式下，程序里，直接通过面板输入程序，或在 MASTERCAM、UG 编程软件里后处理出来加工程序，用写字板打开，"编辑"下拉菜单里选择"全选"、"复制"，再在仿真系统 LCD 显示框里，利用 CTRL＋V（粘贴）程序，并使程序回到程序头部；

⑤ 自动运行模式下，按 ![循环启动]键；

⑥ 加工完成后，断开电源 ![电源]，离开本系统。

四、GSK980T 数控系统的机床基本操作

1. 通电开机及回零操作

① 按下机床面板上的系统启动键 ⬛，接通电源，显示屏由原先的黑屏变为有文字显示，按急停键，使急停键抬起 ◉；

② 这时系统完成上电复位，可以进行操作；

③ 选择回零方式 →⊕，分别点击方向轴 ⬛、⬛，该轴返回机床机械零点，回到零点后，面板指示灯 ⬛ 亮。

注：① 关掉电源，重新开机后，必须执行回零操作；

② 回零操作时，进给速率不能为"0"。

2. 手动方式操作

手动进给就是手动连续进给，在手动方式下，按机床操作面板上的进给轴和方向选择开关，机床沿选定轴的选定方向移动，手动连续进给速度可用手动进给倍率调节。具体操作步骤如下：

① 按下手动按键 ⬛，系统处于手动运行方式；

② 按下进给轴和方向选择开关 ⬛、⬛、⬛、⬛，机床沿选定轴的选定方向移动，调整进给速率按钮，可以调整进给速度；

③ 可在机床运行前或运行中使用手动进给倍率 ⬛，根据实际需要调节进给速度；

④ 如果在按下进给轴和方向选择开关前按下快速移动开关，则机床按快速移动速度运行。

3. 手轮进给

在手轮方式下，可使用手轮使机床发生移动。具体操作步骤如下：

① 按手摇键 ⬛，进入手轮方式；

② 选择手轮运动轴 Z⊕、X⊕；

③ 选择单步手轮移动量 ⬛⬛⬛⬛，选择移动倍率；
       0.001 0.01 0.1 1

④ 根据需要移动的方向，旋转手轮 ◉，同时机床发生移动。

4. 录入方式（MDI方式）

由 MDI 操作面板输入一个指令并可以执行。具体操作步骤如下：

① 选择录入方式 ⬛；

② 按 程序 PRG 按钮；

③ 按下翻页键 ☰，在 MDI 方式输写指令，如输写 G01x20.5；

④ 按 输入 IN 键，G01 X20.5 数据被输入并显示；在按 输入 IN 键之前，如果发现键入的数字是错误的，按 ⬛ 键，可以再一次的输写正确指令；

⑤ 按 ⬛ 键，程序即被执行。

5. 编辑方式

选择编辑方式 ⬛，可编辑、修改、存储、调入 NC 程序。但必须注意进行程序的编辑时，必须在没有报警的情况下，而且程序锁也必须打开。具体操作步骤如下：

① 选择编辑方式 ▨▶ ;

② 按程序 程序PRG 键后，显示程序一览画面；

③ 按 O××××，如果此程序存在请按 ⬇ 键；如果程序不存在请按 EOB 键，即可进行程序的编写（××××为程序号，从 0～9）。

6. 自动运转方式

（1）自动运转的启动操作步骤

① 选择编辑方式 ▨▶ ，程序PRG 里选择好当前操作的程序；

② 选择自动方式 ▣ ;

③ 按操作面板上的循环启动 ⟦I⟧ 键。

（2）自动运转的停止操作步骤

按下进给保持 ▨ 键或复位 // 键，可暂停或终止自动运行。

注： ▨ 进给保持，按下该键后，进给为零，当再按循环启动 ⟦I⟧ 键，机床接着运行程序。 // 复位键，按下该键后，主轴停转，程序回到开始。

（3）单程序段运行操作步骤

在程序执行过程中，若按下单段键 □▶ ，执行一个程序段后，机床停止。若按循环启动 ⟦I⟧ 键，下一个程序段执行后，机床停止。

7. 加工一个完整工件的操作流程

① 接通电源 ◉ ;

② 原点复归（回零操作），详见"回零操作"；

③ 根据程序单要求，安装工件，安装刀具，并对刀，对刀详见"对刀操作"；

④ 编辑方式下，程序PRG 里，直接通过面板输入程序，或在 MASTERCAM、UG 编程软件里后处理出来加工程序，用写字板打开，"编辑"下拉菜单里选择"全选"、"复制"，再在本仿真系统 LCD 显示框里，利用 CTRL＋V（粘贴）程序，按 // 复位键,程序回到程序头部；

⑤ ▣ 自动运行模式下，按 ⟦I⟧ ;

⑥ 加工完成后，断开电源 ◉ ，离开本系统。

模块三 技能测试

项目 3.1　简单轴类零件编程加工
（FANUC0i Mate-TB 系统）

[项目目的]

■ 1. 了解轴类零件的结构特点和车削加工特点。

■ 2. 掌握轴类零件的常用加工指令（FANUC0i Mate-TB 系统）。

■ 3. 掌握轴类零件的车削操作方法。

[项目内容]

1. 如何设定主轴转速？

2. 怎样设定进给方式？

3. 如何应用循环指令？

4. 如何应用暂停指令？

[相关知识点析]

一、教学内容

例题分析

如图 3-1 所示，已知毛坯为 $\phi 25 \times 100$ 的尼龙棒或铝棒，要求编制数控加工程序并完成零件的加工。

1. 零件结构分析

本零件轮廓由圆柱面和圆弧回转面组成，结构相对简单。

2. 工艺路线安排

用三爪卡盘夹持零件左端，依次完成圆弧面、圆柱面的粗、精加工，最后切断。

3. 刀具选择

本工件加工需要两种刀具，93°外圆车刀（T01）和切断刀（T02），刀宽 5mm。

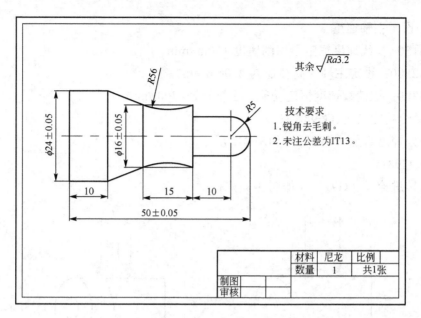

图 3-1　简单轴类零件图

4. 切削用量确定

工序	转速/（r/min）	进给速度/（mm/r）
粗车图 3-1 的外圆 ϕ10mm、ϕ16mm、ϕ24mm	500	0.15
精车如图 3-1 的外圆 ϕ10mm、ϕ16mm、ϕ24mm 至尺寸精度要求	1200	0.1
按 50mm 尺寸切断	300	0.05

5. 程序编制

以工件右端中心作为工件坐标系坐标原点，整个轮廓走刀连续完成，采用径向依次进刀经多次循环完成成型面加工，最后切断。在程序编制中要对图样中的轮廓基点（圆弧切点及圆弧、直线交点）坐标计算。

编制程序所需相关功能指令介绍如下：

（1）主轴转速功能设定（G50、G96、G97）

主轴转速功能有恒线速度和恒转速两种控制指令方式，并可限制主轴最高转速。

① 主轴最高转速限制

格式：G50 S

该指令可防止因主轴转速过高，离心力太大，产生危险及影响机床寿命。

② 主轴速度以恒线速度设定，单位：m/min。

格式：G96 S

该指令用于车削端面或工件直径变化较大的场合。采用此功能，可保证当工件直径变化时，主轴的线速度不变，从而保证切削速度不变，提高了加工质量。

③ 主轴速度以转速设定，单位：r/min。

格式：G97 S

该指令用于车削螺纹或工件直径变化较小的场合。设定主轴转速并取消恒线速度。

例1：设定主轴速度

G96 S150； 线速度恒定，切削速度 150m /min。

G50 S2500；设定主轴最高转速为 2500 r/min。

G97 S300；取消线速度恒定功能，主轴转速 300r/min。

（2）进给功能设定（G98、G99）

① 每分钟进给量（G98）（如图 3-2 所示）

格式：G98

② 每转进给量（G99）（如图 3-3 所示）

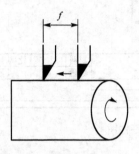 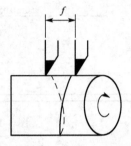

图 3-2　每分钟进给量　　　　图 3-3　每转进给量

格式：G99

说明：G99 为数控车床的初始状态。

（3）刀具功能（T 指令）

功能：该指令可指定刀具及刀具补偿。

格式：T□□□□

说明：

前两位表示刀具序号（0～99），后两位表示刀具补偿号（01～64）；刀具的序号可以与刀盘上的刀位号相对应；刀具补偿包括形状补偿和磨损补偿；刀具序号和刀具补偿号不必相同，但为了方便通常使它们一致；取消刀具补偿的 T 指令格式为：T00 或 T□□00。

（4）工件坐标系设定（G50）

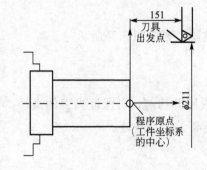

图 3-4　设定工件坐标系

功能：该指令以程序原点为工件坐标系的中心（原点），指定刀具出发点的坐标值。

格式：G50 X Z

说明：

1.X、Z 是刀具出发点在工件坐标系中的坐标值。通常 G50 编在加工程序的第一段运行程序前，刀具必须位于 G50 指定的位置。

例2：如图 3-4 所示，设定工件坐标系。

程序：G50 X200 Z150；

（5）自动回机床参考点（G28）

功能：该指令使刀具自动返回机床原点或经过某一中间位置，再回到机床原点。

格式：G28 X(U) Z(W) T00

说明：

① X(U)、Z(W)为中间点的坐标；T00（刀具复位）指令必须写在 G28 指令的同一程序段或该程序段之前；X(U)指令必须按直径值输入；该指令用快速进给方式。

② 编程时，该指令不常用。

例.3：让刀具自动回机床参考点。

程序：G28 U0 W0 T00 ；

（6）快速点位运动 G00

功能：使刀具以点位控制方式，从刀具所在点快速移动到目标点。

格式：G00 X(U) Z(W)

说明：

X、Z：绝对坐标方式时的目标点坐标；

U、W：增量坐标方式时的目标点坐标。

（7）直线插补 G01

功能：使刀具以给定的进给速度，从所在点出发，直线移动到目标点。

格式：G01 X(U) Z(W) F

说明：

X、Z：绝对坐标方式时的目标点坐标；

U、W：增量坐标方式时的目标点坐标；

F：进给速度。

（8）暂停指令（G04）

功能：该指令可使刀具做短时间的停顿，常用于轴类零件阶梯过渡处、环槽结构的槽底无进给精整加工。

格式：G04 X(U)

G04 P

说明：

X、U 指定时间，允许有小数点；P 指定时间，不允许有小数点。应用场合：车削沟槽或钻孔时，为使槽底或孔底得到准确的尺寸精度及光滑的加工表面，在加工到槽底或孔底时，应暂停适当时间。使用 G96 车削工件轮廓后，改成 G97 车削螺纹时，可暂停适当时间，使主轴转速稳定后再执行车螺纹，以保证螺距加工精度要求。

例 4：若要暂停 1s，可写成如下格式：

G04 X1.0 ；

或：G04 P1000；

（9）复合车削循环编程

复合车削循环是指仅用一个 G 指令就可实现多阶梯复杂轴类零件的全部粗加工控

制操作。除有以车外圆方式为主（G71）的和以车端面方式为主（G72）的外，还有环状粗车方式（G73）的复合循环。

① G71——外圆粗车复合循环

如图 3-5 所示，工件成品形状为 A1—B，若留给精加工的余量为 Δu/2 和 Δw，每次切削用量为 Δd，则程序格式为：

G71 U(Δd) R(e)

G71 P(ns) Q(nf)U(Δu) W(Δw) F(f) S(s) T(t)

其中：e 为退刀量；

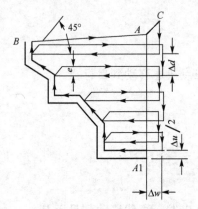

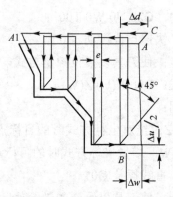

图 3-5 外圆粗车复合循环　　　　　　图 3-6 端面粗车复合循环

ns 为按 A—A1—B 的走刀路线编写的精加工程序中第一个程序行的顺序号 N(ns)和最后一个程序行的顺序号 N(nf)；

f，s，t 为粗切时的进给速度、主轴转速、刀补设定，此时这些值将不再按精加工的设定。

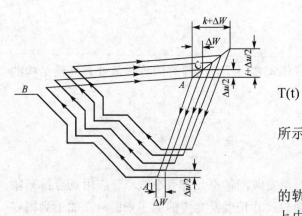

图 3-7 环状粗车复合循环

② G72——端面粗车复合循环

程序格式为：

G72 W(Δd) R(e)

G72 P(ns) Q(nf) U(Δu) W(Δw) F(f) S(s) T(t)

各参量的含义同 G71,走刀路线如图 3-6 所示。

③ G73——环状粗车复合循环

如图 3-7 所示，该切削方式是每次粗切的轨迹形状都和成品形状类似，只是在位置上由外向内环状地向最终形状靠近，其程序格式为：

G73 U(Δi) W(Δk) R(m)

G73 P(ns) Q(nf) U(Δu) W(Δw) F(f) S(s) T(t)

其中：m 为粗切的次数；

i，k 分别为起始时 X 轴和 Z 轴方向上的缓冲距离。

其余各参量含义同 G71。

④ G70——调用精车

G70 P(ns) Q(nf)：各参量含义同 G71。

编制 FANUC0i Mate-TB 程序如下：

加工程序 O2234：

N10	G99 G90 M03 S500 T0101	设置转进给方式，主轴正转，1号刀具
N20	G00 X100 Z100	快速移动到安全位置
N30	G01 X26 Z2 F100	快速移动到循环起点
N40	G71 U1 R1	调用粗加工程序
N50	G71 P60 Q130 U0.5 W0.05 F0.15	设置精加工转速
N60	G01 X0 Z0 F0.1 S1200	移动到起刀点
N70	G03 X10 Z–5 R5	圆弧走刀
N80	G01 Z–15	加工ϕ10 外圆
N90	G04 P500	台阶处暂停 0.5s
N100	G01 X16	加工台阶
N110	G03 Z–30 R56	大圆弧加工
N120	G01 X24 Z–40	锥面加工
N130	Z–50	ϕ15 外圆加工
N140	G70 P60 Q130	调用精加工程序
N150	G00 X100 Z100	退刀
N160	T0202	换 2 号切断刀
N170	M03 S300 F0.05	
N180	G00 X30 Z2	快速定位
N190	G00 Z–55	快速移动到切断位置
N200	G01 X–1	切断
N210	G00 X100	退刀
N220	G00 Z100	退刀
N230	M05	主轴停转
N240	M30	程序结束

二、实训习题

如图 3-8 所示零件，已知毛坯为ϕ25×70 的尼龙，要求编制数车发那科加工程序。

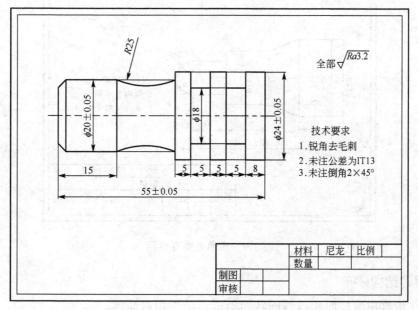

图 3-8　简单零件图

项目 3.2　简单轴类零件编程加工（HTC-21T）

[项目目的]

■ 1. 了解轴类零件的结构特点和车削加工特点；

■ 2. 掌握轴类零件的常用加工指令；

■ 3. 掌握轴类零件的车削操作方法。

[项目内容]

1. 如何设定主轴转速设定？

2. 怎样设定进给方式？

3. 如何应用暂停指令？

4. 数控车床的编程特点。

[相关知识点析]

一、教学内容

例题分析

如图 3-9 所示，已知毛坯为 $\phi25\times60$ 的尼龙，要求编制数控加工程序并完成零件的加工。

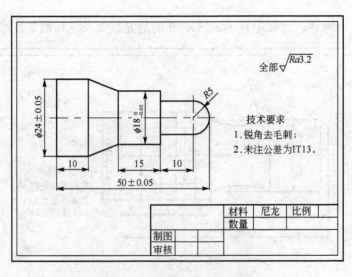

图 3-9　简单轴类零件图

1. 零件结构分析

本零件轮廓由圆柱面和圆弧回转面组成，结构相对简单。

2. 工艺路线安排

用三爪卡盘夹持零件左端，依次完成圆弧面、圆柱面的粗、精加工，最后切断。

3. 刀具选择

本工件加工需要两种刀具，93°外圆车刀（T01）和切断刀（T02），刀宽 5mm。

4. 切削用量确定

工序	转速/（r/min）	进给速度/（mm/r）
粗车图 3-9 外圆	500	0.15
精车图 3-9 外圆	1200	0.1
切断	300	0.05

5. 程序编制

以工件右端中心作为工件坐标系坐标原点，整个轮廓走刀连续完成，采用径向依次进刀经多次循环完成成型面加工，最后切断。在程序编制中要对图样中的轮廓基点（圆弧切点及圆弧、直线交点）坐标计算。

编制程序所需相关功能指令介绍如下：

（1）主轴转速功能设定（G46、G96、G97）

主轴转速功能有恒线速度和恒转速两种控制指令方式，并可限制主轴最高转速。

① 主轴最低、高转速限制。

格式：G46 X P

该指令可防止因主轴转速过高，离心力太大，产生危险及影响机床寿命。

② 主轴速度以恒线速度设定，单位：m/min。

格式：G96 S

该指令用于车削端面或工件直径变化较大的场合。采用此功能，可保证当工件直径变化时，主轴的线速度不变，从而保证切削速度不变，提高了加工质量。

③ 主轴速度以转速设定，单位：r/min。

格式：G97 S

该指令用于车削螺纹或工件直径变化较小的场合。设定主轴转速并取消恒线速度。

例 1：设定主轴速度

G96 S150；线速度恒定，切削速度 150m/min。

G46 X100 P2500；设定主轴最低、高转速为 100 r/min、2500 r/min。

G97 S300；取消线速度恒定功能，主轴转速 300r/min。

（2）进给功能设定（G94、G95）

① 每分钟进给量（G94）如图3-2所示。

格式：G94

② 每转进给量（G95）如图3-3所示。

格式：G95

说明：G95 为数控车床的初始状态。

（3）刀具功能（T指令）

功能：该指令可指定刀具及刀具补偿。

格式：T□□ □□

说明：

前两位表示刀具序号（0～99），后两位表示刀具补偿号（01～64）；刀具的序号可以与刀盘上的刀位号相对应；刀具补偿包括形状补偿和磨损补偿；刀具序号和刀具补偿号不必相同，但为了方便通常使它们一致；取消刀具补偿的 T 指令格式为：T00 或 T□□ 00。

（4）自动回机床参考点（G28）

功能：该指令使刀具自动返回机床原点或经过某一中间位置，再回到机床原点。

格式：G28 X(U) Z(W) T00

说明：

① X (U)、Z (W)为中间点的坐标；T00 （刀具复位）指令必须写在 G28 指令的同一程序段或该程序段之前；X(U)指令必须按直径值输入；该指令用快速进给方式；

② 编程时，该指令不常用。

例 2：让刀具自动回机床参考点。

程序：G28 U0 W0 T00 ；

（5）快速点位运动 G00

功能：使刀具以点位控制方式，从刀具所在点快速移动到目标点。

格式：G00 X(U) Z(W)

说明：

X、Z ：绝对坐标方式时的目标点坐标；

U、W：增量坐标方式时的目标点坐标。

（6）直线插补 G01

功能：使刀具以给定的进给速度，从所在点出发，直线移动到目标点。

格式：G01 X(U) Z(W) F

说明：

X、Z：绝对坐标方式时的目标点坐标；

U、W：增量坐标方式时的目标点坐标；

F：进给速度。

（7）暂停指令（G04）

功能：该指令可使刀具做短时间的停顿，常用于轴类零件阶梯过渡处、环槽结构的槽底无进给精整加工。

格式：G04 X(U)

G04 P

说明：

X、U 指定时间，允许有小数点；P 指定时间，不允许有小数点。应用场合：车削沟槽或钻孔时，为使槽底或孔底得到准确的尺寸精度及光滑的加工表面，在加工到槽底或孔底时，应暂停适当时间。使用 G96 车削工件轮廓后，改成 G97 车削螺纹时，可暂停适当时间，使主轴转速稳定后再执行车螺纹，以保证螺距加工精度要求。

例 3：若要暂停 1s，可写成如下格式：

G04 X1.0；

或：G04 P1000；

（8）复合车削循环编程

复合车削循环是指仅用一个 G 指令就可实现多阶梯复杂轴类零件的全部粗加工控制操作。除有以车外圆方式为主（G71）的和以车端面方式为主（G72）的外，还有环状粗车方式（G73）的复合循环。

① G71——外圆粗车复合循环

如图 3-5 所示，工件成品形状为 A1—B，若留给精加工的余量为 $\Delta u/2$ 和 Δw，每次切削用量为 Δd，则程序格式为：

G71 U(Δd) R(e) P(ns) Q(nf) X(Δu) Z (Δw) F(f) S(s) T(t)

其中：e 为退刀量。

ns 为按 A—A1—B 的走刀路线编写的精加工程序中第一个程序行的顺序号 N(ns) 和最后一个程序行的顺序号 N(nf)。

f，s，t 为粗切时的进给速度、主轴转速、刀补设定，此时这些值将不再按精加工的设定。

② G72——端面粗车复合循环

程序格式为：

G72 W(Δd) R (e) P (ns) Q (nf) X (Δu) Z (Δw) F (f) S (s) T (t)

各参量的含义同 G71，走到路线如图 3-6 所示。

③ G73——环状粗车复合循环

如图 3-7 所示，该切削方式是每次粗切的轨迹形状都和成品形状类似，只是在位置上由外向内环状地向最终形状靠近，其程序格式为：

G73 U (Δi) W (Δk) R (m) P (ns) Q (nf) X (Δu) Z (Δw) F (f) S (s) T (t)

其中：m 为粗切的次数；

i、k 分别为起始时 X 轴和 Z 轴方向上的缓冲距离；

其余各参量含义同 G71。

编制 HTC-21T 程序如下：

加工程序%1234

N10	G 95 G90 M03 S500 T0101	设置分进给方式，主轴正转，1 号刀具
N20	G00 X30 Z30	快速接近工件
N30	G01 X25 Z2	慢速移到进刀点
N40	G71 U1 R1 P90 Q160 X0.5 Z0 F0.15	调用粗加工程序
N50	M03 S1200 F0.1	设置精加工转速
N60	G96 S150	设定恒线速
N70	G46 X50 P1000	

N80	G97 S1200	
N90	G01 X0 Z0 F60	移动到起刀点
N100	G03 X10 Z-5 R5	圆弧走刀
N110	G01 Z-15	加工ϕ18外圆
N120	G04 P500	台阶处暂停0.5s
N130	G01 X18	加工台阶
N140	G03 Z-30 R40	大圆弧加工
N150	G01 X24 Z-40	锥面加工
N160	Z-50	ϕ15外圆加工
N170	G00 X50	退刀
N180	X100 Z100	
N190	T0202	换切断刀
N200	M03 S300 F0.05	
N210	G00 X30 Z2	
N220	G00 Z-55	
N230	G01 X-1	
N240	G00 X100	
N250	G00 Z100	
N260	M05	主轴停转
N270	M30	程序结束

二、实训习题

如图3-10所示零件，已知毛坯为ϕ25×75的尼龙，要求编制数车华中数控系统加工程序。

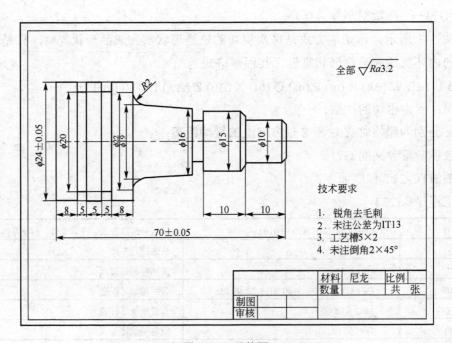

图3-10　零件图

项目 3.3 成型面车削

[项目目的]

- 1. 了解典型成型面结构零件的车削的特点;
- 2. 熟悉直线、曲线轮廓加工指令;
- 3. 掌握高精度轮廓加工的编程方法。

[项目内容]

1. 如何选择切削用量?
2. 怎样确定工件的装夹方法?
3. 数控车床的编程特点怎样?

[相关知识点析]

一、实训内容

例题分析

如图 3-11 所示,已知毛坯为 $\phi40\times150$ 的 45 钢,要求编制数控加工程序并完成零件的加工。

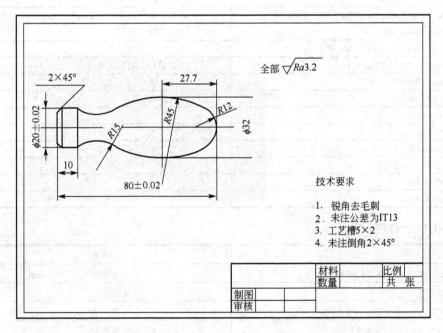

图 3-11 简单成型面零件图

1. 零件结构分析

本零件轮廓由圆柱面和圆弧回转面组成,圆弧轮廓由三段圆弧过渡连接而成。结构

模块三 技能测试

相对简单。

2．工艺路线安排

用三爪卡盘夹持零件左端，依次完成圆弧面、圆柱面的粗、精加工，最后切断时用切断刀加工出左端倒角。

3．刀具选择

本工件加工需要两种刀具，93°外圆车刀（T01）和切断刀（T02），刀宽 5mm。

4．切削用量确定

工序	转速/（r/min）	进给速度/（mm/r）
粗车 图 3-11 外圆	500	0.15
精车 图 3-11 外圆	1200	0.1
切断	300	0.05

5．程序编制

以工件右端中心作为工件坐标系坐标原点，整个轮廓走刀连续完成，采用径向依次进刀经多次循环完成成型面加工，最后切断并倒角。在程序编制中要对图样中的轮廓基点（圆弧切点及圆弧、直线交点）坐标计算，由于手工计算较困难，可采用计算机作图方式测量其基点坐标。

（1）编制 FANUC 程序如下：

O1000 主程序

N10 T0101	采用 01 刀具偏置
N20 G99 G90 G00 X32 Z2 M03 S500	建立工件坐标系快速定位至循环起点，主轴正转
N30 M98 P1001 L9	调用子程序 9 次
N40 G90 G00 X100 Z200	快速定位至换刀点
N50 M03 S300 T0202 F0.05	换 2 号刀，采用 2 号刀偏
N60 G00 X28 Z–83	快速定位
N70 G01 X20	用切断刀倒角
N80 G01 X16 Z–85	
N90 G01 X–1	
N100 G00 X100	退刀，以便装卸工件
N110 G00 Z200	
N120 M05	
N130 M30	

FANUC 子程序

O1001	子程序名
N10 G91 G01 X–24 F0.15	增量编程、进刀 24 mm
N20 Z–2	Z 向进刀
N30 G03 X14.77 Z–4.923 R8	圆弧插补
N40 X6.43 Z–39.877 R45	圆弧插补
N50 G02 X2.8 Z–28.636 R15	圆弧插补
N60 G01 Z–5	车圆柱面
N70 G00 X8	X 向退刀
N80 Z80.436	Z 向退刀

N90 G01 X–9 F 100	X 向进刀
N100 M99	结束返回主程序

（2）编制华中 HTC-21TD 程序如下：

%001 主程序

N10 T0101	采用 01 刀具偏置
N20 G95 G90 G00 X32 Z2 M03 S500	建立工件坐标系快速定位至循环起点，主轴正转
N30 G71 U1 R1 P40 Q90 X0.5 Z0 F0.05	调用循环加工
N40 G0 X0 S1200 F0.1	精车程序开始行
N50 G01 Z0	
N60 G03 X14.77 Z–4.923 R8	
N70 X21.2 Z–44.8 R45	
N80 G02 X20 Z–73.436 R15	
N90 G01 Z–80	精车程序结束行
N100 G90 G00 X100 Z200	快速定位至换刀点
N105 M03 S300 F0.05 T0202	换 2 号刀，采用 2 号刀偏
N110 G00 X28 Z–83	快速定位
N115 G01 X20	用切断刀倒角
N120 G01 X16 Z–85	
N125 G00 X–1	切断工件
N130 X100 Z200	退刀，以便装卸工件
N135 M05	
N140 M30	

二、实训习题

如图 3-12 所示零件，进行工艺分析并编写精加工程序。

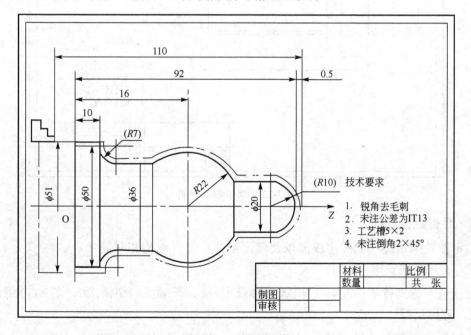

图 3-12　成型面零件

项目 3.4　螺纹车削

[项目目的]

- 1. 了解螺纹的结构特点;
- 2. 了解螺纹加工的编程特点。

[项目内容]

1. 如何选择螺纹的牙型?
2. 数控车床螺纹的编程特点怎样?

[相关知识点析]

一、实训内容

例题分析

如图 3-13 所示,已知毛坯为 $\phi32\times60$ 的 45 钢,要求车端面,切槽,车螺纹。

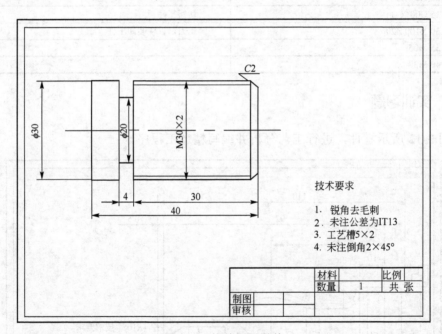

技术要求

1. 锐角去毛刺
2. 未注公差为IT13
3. 工艺槽5×2
4. 未注倒角2×45°

材料		比例	
数量	1	共　张	
制图			
审核			

图 3-13　简单螺纹零件

1. 零件结构分析

本零件轮廓由圆柱面和螺纹面以及槽面组成,零件结构相对简单。

2. 工艺路线安排

用三爪卡盘夹持零件左端,车 M30 螺纹大径 、平端面、切槽 $\phi20$、车 M30 螺纹。

3. 刀具选择

本工件加工需要两种刀具,90°外圆车刀（T01）和切断刀（T02）刀宽 4mm 以及螺纹刀（T03）。

4. 切削用量确定

加工内容	主轴转速 S(r/min)	进给速度 F/(mm/r)
车端面、螺纹大径	500	0.15
切槽 $\phi20$	300	0.05
车 M30 螺纹	600	

5. 程序编制

以工件右端中心作为工件坐标系坐标原点，整个轮廓走刀连续完成。

（1）编制程序所需相关螺纹知识介绍如下：

① 螺纹的结构特点：螺纹结构种类包括内外圆柱（或圆锥）螺纹，单头或多头螺纹，恒螺距和变螺距螺纹。另外，螺纹的牙型有 60°、55° 三角形螺纹，梯形螺纹，圆弧螺纹等。

② 螺纹结构的加工特点：对于精度要求较高的螺纹加工需选择精度较高的刀具，合理安排切削参数，既保证螺纹精度，同时要保证螺纹表面质量。对于牙型较大的螺纹，可充分利用数控机床丰富的螺纹加工进刀方式进行加工。

③ 螺纹加工的编程特点。

④ 注意螺纹加工时进刀、退刀距离的设定。

⑤ 从螺纹粗加工到精加工，主轴的转速必须保持一常数。

⑥ 在螺纹加工中不使用恒定线速度控制功能。

⑦ 对于精密螺纹加工可充分发挥刀具补偿功能减小加工误差。

（螺纹牙型高度的计算：理论值；$H=0.866\times$螺距，一般考虑到啮合间隙；实际值：$H=0.65\times$螺距有精度要求时，需要查表确定。见表 3-1）

表 3-1　螺纹牙型高度

普通螺纹　牙深=0.6495×P (P 是螺纹螺距)								
螺距	1.0	1.5	2.0	2.5	3.0	3.5	4.0	
牙深	0.64	0.97	1.29	1.62	1.94	2.27	2.59	
走刀次数和背吃刀量	1 次		0.7	0.8	0.9	1.0	1.2	1.5	1.5
	2 次		0.4	0.6	0.6	0.7	0.7	0.7	0.8
	3 次		0.2	0.4	0.6	0.6	0.6	0.6	0.6
	4 次			0.16	0.4	0.4	0.4	0.6	0.6
	5 次				0.1	0.4	0.4	0.4	0.4
	6 次					0.15	0.4	0.4	0.4
	7 次						0.2	0.2	0.4
	8 次							0.15	0.3
	9 次								0.2

（2）编制程序所需相关功能指令介绍如下：螺纹加工的编程指令 FANUC 系统。

G92

① 指令格式

G92 X(U)_ Z (W)_ R _ F _

② 指令功能

切削锥螺纹（包含圆柱螺纹），刀具从循环起点，按图3-13所示的走刀路线，最后返回到循环起点。图中虚线表示按R快速移动，实线按F指定的进给速度移动。

③ 指令说明

X、Z表示螺纹终点坐标值；U、W表示螺纹终点相对循环起点的坐标分量；R表示锥螺纹始点与终点在X轴方向的坐标增量（半径值），圆柱螺纹切削循环时R为零，可省略；F表示螺纹导程。（如图3-14所示）。

④ 进刀方式

在G92螺纹切削循环中，螺纹刀以直进的方式进行螺纹切削。总的螺纹切削深度（牙高）一般以常量值进行分配，螺纹刀双刃参与切削。每次的切削深度一般由编程人员在编程时给出，如图3-15所示。

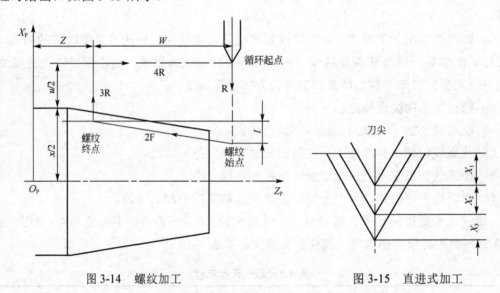

图3-14 螺纹加工　　　　　　　图3-15 直进式加工

（3）G76

① 指令格式

G76 P m r a Q Δdmin Rd

G76 X(U) Z (W) Ri Pk Q Δd Ff

② 指令功能

该螺纹切削循环的工艺性比较合理，编程效率较高，螺纹切削循环路线如图 3-16所示。

③ 指令说明

m表示精加工重复次数；r表示斜向退刀量单位数（0.01~9.9f，以0.1f为一个单位，用00~99两位数字指定）；a表示刀尖角度；Δdmin表示最小切削深度，当切削深度Δdn小于Δdmin，则取Δdmin作为切削深度；X表示D点的X坐标值；U表示由A点至D点的增量坐标值；Z表示D点Z坐标值；W表示由C点至D点的增量坐标值；i表示锥螺纹的半径差；k 表示螺纹高度（X方向半径值）；d 表示精加工余量；F 表示螺纹导程；Δd 表示第一次粗切深（半径值）。

切削深度递减公式计算：

$$d_2 = \sqrt{2}\Delta d;$$
$$d_3 = \sqrt{3}\Delta d;$$
$$d_n = \sqrt{n}\Delta d$$

每次粗切深：$\Delta d_n = \sqrt{n}\Delta d - \sqrt{n-1}\Delta d$。

④ 进刀方式

在 G76 螺纹切削循环中，螺纹刀以斜进的方式进行螺纹切削。总的螺纹切削深度（牙高）一般以递减的方式进行分配，螺纹刀单刃参与切削。每次的切削深度由数控系统计算给出，如图 3-17 所示。

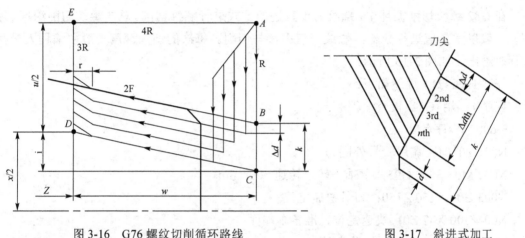

图 3-16 G76 螺纹切削循环路线　　　　图 3-17 斜进式加工

（4）加工精度分析及相关指令应用

G92 螺纹切削循环采用直进式进刀方式，由于刀具两侧刃同时切削工件，切削力较大，而且排屑困难，因此在切削时，两切削刃容易磨损。在切削螺距较大的螺纹时，由于切削深度较大，刀刃磨损较快，从而造成螺纹中径产生误差。但由于其加工的牙形精度较高，因此一般多用于小螺距高精度螺纹的加工。由于其刀具移动切削均靠编程来完成，所以加工程序较长。由于刀刃在加工中易磨损，因此在加工中要经常测量。

G76 螺纹切削循环采用斜进式进刀方式，由于单侧刀刃切削工件，刀刃容易损伤和磨损，使加工的螺纹面不直，刀尖角发生变化，而造成牙形精度较差。但由于其为单侧刃工作，刀具负载较小，排屑容易，并且切削深度为递减式，因此，此加工方法一般适用于大螺距低精度螺纹的加工。此加工方法排屑容易，刀刃加工工况较好，在螺纹精度要求不高的情况下，此加工方法更为简捷方便。如果需加工高精度、大螺距的螺纹，则可采用 G92、G76 混用的办法，即先用 G76 进行螺纹粗加工，再用 G92 进行精加工。需要注意的是粗精加工时的起刀点要相同，以防止螺纹乱扣的产生。

螺纹加工的编程指令 HTC-21T 介绍：

G82

① 指令格式

G82 X(U)_ Z(W)_ I_ F_

② 指令功能

切削锥螺纹（包含圆柱螺纹），刀具从循环起点，按图 3-14 所示的走刀路线，最后返回到循环起点。图中虚线表示按 R 快速移动，实线按 F 指定的进给速度移动。

③ 指令说明

X、Z 表示螺纹终点坐标值；U、W 表示螺纹终点相对循环起点的坐标分量；I 表示锥螺纹始点与终点在 X 轴方向的坐标增量（半径值），圆柱螺纹切削循环时 R 为零，可省略；F 表示螺纹导程。（如图 3-14 所示）。

④ 进刀方式

在 G82 螺纹切削循环中，螺纹刀以直进的方式进行螺纹切削。总的螺纹切削深度（牙高）一般以常量值进行分配，螺纹刀双刃参与切削。每次的切削深度一般由编程人员在编程时给出，如图 3-15 所示。

编制 HTC-21T 程序如下：

程序 1：用 G82 指令编程

%6007 程序名

N001 T0101；调用 1 号外圆刀

N002 M03 S500 G95；主轴正转，转速 500r/min

N003 G00 X150 Z150；刀具快速定位

N004 G00 X32 Z0；快速定位，准备车端面

N005 G01 X0 F0.15；车平端面

N06 G01 X26；准备倒角

N07 X29.8 Z–2；车螺纹大径

N08 Z–34；

N09 G00 X150；回刀具起点

N010 Z150；

N011 T0202；调用 2 号切槽刀

N012 M03 S300；转速 300r/min

N013 G00 X32 Z–34；

N014 G01 X20 F0.05；切槽

N015 G00 X150；回刀具起点

N016 Z150；

N017 T0303；调用 3 号螺纹刀

N018 M03 S600；转速 600r/min

N019 G00 X32 Z3；（刀具定位到循环起点）

N020 G82 X29.1 Z–32 F2；（第一次车螺纹）

N021 X28.5；（第二次车螺纹）

N022 X27.9；（第三次车螺纹）

N023 X27.5；（第四次车螺纹）

N024 X27.4；（最后一次车螺纹）

N025 G00 X150 Z150；（刀具回换刀点）

N026 M05；主轴停转

N027 M30；程序结束

程序 2：用 G76 指令编程

%6007 程序名

N001 T0101；调用 1 号外圆刀

N019 G00 X32 Z3；（刀具定位到循环起点）

N020 G76 P010060 X27.4 Z–32 P1200 Q400 F2；车螺纹

N022 G00 X150 Z150；回刀具起点

N023 M05；主轴停转

N024 M30；程序结束

编制 FANUC 程序如下：

程序 1：用 G92 指令编程

O6007 程序名

N001 T0101；调用 1 号外圆刀

N002 M03 S500；主轴正转，转速 500r/min

N003 G00 X150 Z150；刀具快速定位

N004 G00 X32 Z0；快速定位，准备车端面

N005 G01 X0 F0.15；车平端面

N06 G01 X26；准备倒角

N07 X29.8 Z–2；车螺纹大径

N08 Z–34；

N09 G00 X150；回刀具起点

N010 Z150；

N011 T0202；调用 2 号切槽刀

N012 M03 S300；转速 300r/min

N013 G00 X32 Z–34；

N014 G01 X20 F0.05；切槽

N015 G00 X150；回刀具起点

N016 Z150；

N017 T0303；调用 3 号螺纹刀

N018 M03 S600；转速 600r/min

N019 G00 X32 Z3；（刀具定位到循环起点）

N020 G92 X29.1 Z–32 F2；（第一次车螺纹）

N021 X28.5；（第二次车螺纹）

N022 X27.9；（第三次车螺纹）

N023 X27.5；（第四次车螺纹）

N024 X27.4；（最后一次车螺纹）

N025 G00 X150 Z150；（刀具回换刀点）

N026 M05；主轴停转

N027 M30；程序结束

程序 2：用 G76 指令编程

O6007 程序名

N001 T0101；调用 1 号外圆刀

N019 G00 X32 Z3；（刀具定位到循环起点）

N020 G76 P010060；车螺纹

N021 G76 X27.4 Z–32 P1200 Q400 F2；

N022 G 00 X150 Z150；回刀具起点

N023 M05；主轴停转

N024 M30；程序结束

二、实训习题

如图 3-18 所示，已知毛坯为 $\phi25 \times 80$ 的铝棒或尼龙，要求编制数控加工程序并完成零件的加工。

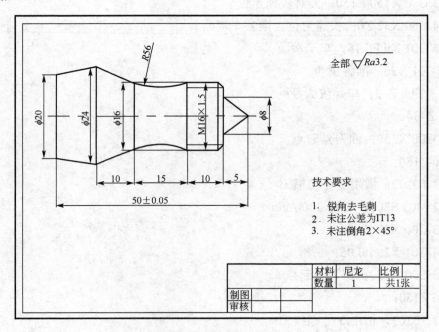

图 3-18　中等复杂螺纹零件图

项目 3.5 套类零件编程加工

[项目目的]

■ 1. 了解套类零件的结构特点和车削加工特点；
■ 2. 掌握套类零件的常用加工指令；
■ 3. 掌握套类零件的车削操作方法。

[项目内容]

1. 如何选择切削用量？
2. 怎样确定工件的装夹方法？
3. 数控车床的编程特点怎样？

[相关知识点析]

一、实训内容

例题分析

如图 3-19 所示，已知毛坯为 $\phi 40 \times 150$ 的 45 钢，要求编制数控加工程序并完成零件的加工。

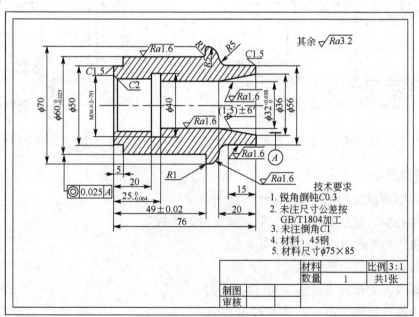

其余 $\sqrt{Ra3.2}$

技术要求
1. 锐角倒钝C0.3
2. 未注尺寸公差按 GB/T1804加工
3. 未注倒角C1
4. 材料：45钢
5. 材料尺寸$\phi75 \times 85$

材料		比例 3:1
数量	1	共1张
制图		
审核		

图 3-19 套类零件

1. 零件结构分析

本零件表面由内外圆柱面、圆锥面、顺圆弧、逆圆弧及内螺纹等表面组成，其中多个直径尺寸与轴向尺寸有较高的尺寸精度、表面粗糙度和形位公差要求。零件图尺寸标注完整，符合数控加工尺寸标注要求，轮廓描述清楚完整，零件材料为 45 钢，切削加工性能较好，无热处理和硬度要求，结构相对复杂。

2. 工艺路线安排

（1）零件图样上带公差的尺寸，除内螺纹退刀槽尺寸 25 公差值较大，编程时可取平均值 24.958 外，其他尺寸因公差值较小，故编程时不必取其平均值，而取基本尺寸即可。

（2）左右端面均为多个尺寸的设计基准，相应工序加工前，应该先将左右端面车出来。

（3）内孔圆锥面加工完后，需掉头再加工内螺纹。

内孔加工时以外圆定位，用三爪自定心卡盘夹紧。加工外轮廓时，为保证同轴度要求和便于装夹，以坯件左侧端面和轴线为定位基准，为此需要设一心轴装置，用三爪自定心卡盘夹持心轴左端，心轴右端留有中心孔，用尾座顶尖顶紧以提高工艺系统的刚性。如图 3-20 所示。

（4）确定加工顺序及走刀路线

加工顺序的确定按先加工基准面、再按先内后外、先粗后精、先近后远的原则确定，在一次装夹中尽可能加工出较多的工件表面。结合本零件的结构特征，可先粗、精加工内孔各表面，然后粗、精加工外轮廓表面。由于该零件为单件小批量生产，走刀路线设计不必考虑 最短进给路线或最短空行程路线，外轮廓表面车削走刀路线可沿零件轮廓顺序进行，如图 3-21 所示。

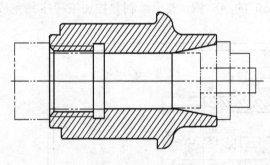
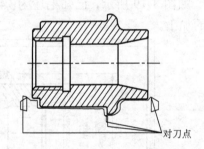

图 3-20　确定装夹方案　　　　　　　　　图 3-21　外轮廓表面车削

3. 刀具选择

（1）车削端面选用 45° 硬质合金端面车刀。

（2）中心钻，钻中心孔以利于钻削底孔时刀具找正。

（3）ϕ31.5 高速钢钻头，钻内孔底孔。

（4）粗镗内孔选用内孔镗刀。

（5）螺纹退刀槽加工选用 5mm 内槽车刀。

（6）内螺纹切削选用 60° 内螺纹车刀。

（7）选用 93° 硬质合金右偏刀，副偏角选 35° 自右到左车削外圆表面。

（8）选用 93° 硬质合金左偏刀，副偏角选 35° 自左到右车削外圆表面。

（9）选用 3mm 硬质合金切槽刀，切断工件。

将所选定的刀具参数填入表 3-2 数控加工刀具卡片中，以便于编程和操作管理。

表 3-2　数控加工刀具卡片

产品名称或代号	数控车工艺分析实例		零件名称	锥孔螺母套	零件图号	
序号	刀具规格名称	数量	加工表面		刀尖半径/mm	备注
1	45°硬质合金端面车刀	1	车端面			、.
					0.5	
2	ϕ4mm 中心钻	1	钻ϕ4mn 中心孔			
3	ϕ31.5mm 的钻头	1	钻孔			
4	镗刀	/	镗孔及镗内孔锥面		0.4	
5	5mm 内槽车刀	/	切 5mm 宽螺纹退刀槽		0.4	
6	60°内螺纹车刀	/	车内螺纹及螺纹孔倒角		0.3	
7	93°右偏刀	1	自右至左车外表面		0.2	
8	93°左偏刀	/	自左至右车外表面		0.2	
9	3mm 硬质合金切槽刀	1	切断		0.1	
编制	×××	审核	×××	批准	×××	共 1 页	第 1 页

4．切削用量选择

背吃刀量的选择因粗、精加工而有所不同。粗加工时，在工艺系统刚性和机床功率允许的情况下，尽可能取较大的背吃刀量，以减少进给次数，精加工时，为保证零件表面粗糙度要求，背吃刀量一般取 0.1～0.4mm 较为合适。

将前面分析的各项内容综合成表 3-3 所示的数控加工工序卡片，此表是编制加工程序 的主要依据和操作人员配合数控程序进行数控加工的指导性文件，主要内容包括工步顺序、 工步内容、各工步所用的刀具及切削用量等。

表 3-3　数控加工工序卡片

单位名称	内蒙古机电学院	产品名称或代号		零件名称	零件图号	
		数控车工艺分析实例		锥孔螺母套	UIhr-01	
工序号	程序编号	夹具名称		使用设备	车间	
001		三爪自定心卡盘和自制心轴		CAK6140	数控车床	
工步号	工步内容	刀具名称及规格	主轴转速/(r/min)	进给速度/(mm/min)	背吃刀量/mm	备注
1	平端面	端面车刀、25×25	320	40		自动
2	粗、精车外圆至ϕ70	93°右手偏刀	500	40		自动
3	切断，长度尺寸 77mm	3mm 切断刀	500	40		自动
4	车另一端面，保证长度尺寸 76mm	端面车刀、25×25	320	30		自动
5	钻中心孔	中心孔钻、间	300			手动
6	钻孔	钻头、ϕ31.5	200			手动
7	粗、精锥通孔、锥孔	镗刀、20×20	500	40	0.2	自动
8	倒角、镗螺纹底孔至尺寸倒 0.2mm	镗刀、20×20	320	25	0.2	自动
9	切 5mm 内孔退刀槽	内槽车刀、16×16	320	30		自动
10	车内孔螺纹至 M36×2-7H	内螺纹车刀、16×16	320	2		自动
11	自右至左车外表面	右偏刀、25×25	320	30	0.2	自动
12	自左至右车外表面	左偏刀、25×25	320	30	0.2	自动
编制	审核	批准			共 1 页	第 1 页

5. 程序编制

（1）基准面加工:采用自动方式加工出圆柱体。平端面→粗、精车外圆→切断→(掉头)平端面。用 45°右偏刀、93°右偏刀、切断刀加工，保证 ϕ70mm，长度76mm。

（2）钻中心孔：在 MDI 方式下，用 ϕ2.5mm 的中心钻，钻深 3～5mm 的中心孔。

（3）钻孔：在 MDI 方式下，用 ϕ31.5mm 的钻头，钻通孔。

（4）钻 ϕ32mm 孔及 1:5±6"锥孔:在自动方式下，用镗刀粗镗、精镗内孔至 ϕ32mm→粗镗、精镗锥孔 1:5±6"。用内孔镗刀，三爪自定心卡盘夹左端，选工件右端面与轴线交点为工件坐标系原点。

编制 FANUC 程序如下：

O5001

N10 T0101 M03 S500;（快速定位至循环起点）

N20 G90 G98 G00 X30.0 Z5.0;（内圆柱面单一切削循环，粗镗）

N30 G00 X37.2 Z5.0;（精镗至尺寸 ϕ32mm）

N40 G01 Z0 F50;（内圆锥面单一切削循环，粗镗锥孔，I =r 始、–r 终）

N50 G80 X31.8Z–20.0 I2.0;（精镗至尺寸）

N60 G80 X32.0 Z–20.0 I2.0;

N70 G00 X100.0 Z200.0;

N 80 M 05;

N 90 M 30;

内螺纹加工：在自动方式下，用镗刀(T01)倒角 C1.5 镗孔至内螺纹顶径 ϕ34.2mm、深度 $25^{0}_{-0.064}$ mm→用切槽刀 (T02) 加工内孔螺纹退刀槽，使宽度为 5mm，内孔直径为 ϕ40mm→用内螺纹刀 (T03) 加工 M36×2—7H 螺纹。

O5002

N10 T0101 M 03 S500

N 20 G90 G 98

N 30 G 00 X37.2 Z5.0

N 40 G 01 Z 0 F 50（移动到端面倒角起点）

N50 X34.2 Z–1.5（倒角）

N60 Z–25.0（镗孔至尺寸）

N70 X30.0（X 向退刀）

N 80 G 00 Z5.0（Z 向快速退刀）

N90 X100.0 Z200.0（快退至换刀点）

N100 T0202（换 02 号刀并采用 02 号刀偏）

N 110 G 00 X30.0 Z5.0

N120 Z–25.0

N 130 G 01 X 40.0 F 100（切内环槽至 ϕ40）

N140 X30.0（退刀）

N 150 G 00 Z5.0

N 160 G 00 X100.0 Z200.0

N170 T0303

N 180 G 00 X30.0 Z2.0（快进至螺纹加工起点）

N 190 G 92 X35.0 Z –22.0 F 2（直螺纹加工循环）

N 200 G 92 X35.6 Z –22.0 F 2

N 210 G 92 X35.8 Z –22.0 F 2

N 220 G 92 X36.0 Z –22.0 F 2

N 230 G92 X100.0 Z200.0

N 240 M 05

N 250 M 30

外轮廓表面加工：

在自动方式下，采用 93°右偏刀（T01）自右至左车外表面→采用 93°左偏刀（T02）自左至右车外表面。用三爪自定心卡盘夹紧心轴，装上工件用螺母固定，尾座支撑且找正使同心。加工程序如下：

O5003

N10 T0101 M03 S600 M 08

N 20 G90 G98

N 30 G00 X72.3 Z2.0（快进至子程序循环起始点）

N 40 M 98 P5013 L 10（调用子程序 10 次，切至ϕ50.3 mm ）

N 50 G 90 G 00 X43.0 Z2.0

N 60 M 98 P 5013 L 1（调用子程序 1 次，切至尺寸）

N 70 G 90 G 00 X43.0 Z2.0（快进至倒角延长线上的起点）

N 80 G01 X52.0 Z–2.5 F 100（切至倒角延长线上的终点）

N 90 G00 X100.0 Z200.0

N100 T0202

N 110 G 00 X72.0 Z–78.0（快进至切削循环起点）

N 120 G 80 X68.0 Z –28.0 F 100（外圆切削单一固定循环）

N130 X66.0 Z–28.0

N140 X64.0 Z–28.0

N150 X62.0 Z–28.0

N160 X60.5 Z–28（切至ϕ60.5 mm，留 0.5 mm 余量）

N170 X58.0 Z–71.5（循环加工阶梯段，Z 向留 0.5 mm 余量）

N180 X56.0 Z–71.5

N190 X54.0 Z–71.5

N200 X52.0 Z–71.5

N210 X50.5 Z–71.5（切至ϕ50.5 mm，留 0.5 mm 余量）

N 220 G 00 X47.0 Z–78.0

N 230 G 01 Z –76.0 F 100（移至倒角起点，精切零件外轮廓起始点）

N240 X50.0 Z–74.5

N250 Z–71.5

N260 X60.0

N270 Z–28.0

N 280 G 03 X62.0 Z–27.0 R1.0

N 290 G 01 X68.0

N 300 G 02 X70.0 Z–26.0 R1.0

N 310 G 01 Z–25.0

N 320 G 00 X100.0 Z200.0

N 330 M 05

N 340 M 30

子程序编程：

O5013

N 10 G 91 G 00 X–4.0（增量编程，X 向进刀 4 mm）

N 20 G 01 Z –17.0 F 100（切外圆柱面）

N 30 G 02 X10.0 Z–5.0 R5.0

N 40 G 03 X10.0 Z–5.0 R5.0

N 50 G 00 Z2.0

N60 Z27.0

N70 X–20.0

N 80 M 99

编制 HTC-21T 程序如下：

%5001

N10 T 0101 M 03 S500;（快速定位至循环起点）

N 20 G 90 G 94 G 00 X30.0 Z5.0;（内圆柱面单一切削循环，粗镗）

N 30 G 00 X37.2 Z5.0;（精镗至尺寸ϕ32mm）

N 40 G 01 Z 0 F 50;（内圆锥面单一切削循环，粗镗锥孔，I=r 始、–r 终）

N 50 G 80 X31.8 Z–20.0 I2.0;（精镗至尺寸）

N 60 G 80 X32.0 Z–20.0 I2.0;

N 70 G 00 X100.0 Z200.0;

N 80 M 05;

N 90 M 30;

内螺纹加工：在自动方式下，用镗刀（T01）倒角 C1.5 镗孔至内螺纹顶径ϕ34.2mm、深度$25_{-0.064}^{0}$ mm→用切槽刀（T02）加工内孔螺纹退刀槽，使宽度为 5mm，内孔直径为ϕ40mm→用内螺纹刀（T03）加工 M36×2—7H 螺纹。

%5002

N10 T 0101 M 03 S500

N 20 G 90 G 94

N 30 G 00 X37.2 Z5.0

N 40 G 01 Z 0 F 50（移动到端面倒角起点）

N50 X34.2 Z–1.5（倒角）

N60 Z–25.0（镗孔至尺寸）

N70 X30.0（X 向退刀）

N80 G 00 Z5.0（Z 向快速退刀）

N90 X100.0 Z200.0（快退至换刀点）

N100 T0202（换 02 号刀并采用 02 号刀偏）

N110 G 00 X30.0 Z5.0

N120 Z–25.0

N130 G 01 X 40.0 F 100（切内环槽至ϕ40）

N140 X30.0（退刀）

N150 G 00 Z5.0

N160 G 00 X100.0 Z200.0

N170 T0303

N180 G00 X30.0 Z2.0（快进至螺纹加工起点）

N190 G 82 X35.0 Z –22.0 F 2（直螺纹加工循环）

N200 G 82 X35.6 Z –22.0 F 2

N210 G 82 X35.8 Z –22.0 F 2

N220 G 82 X36.0 Z –22.0 F 2

N230 G 00 X30 Z200.0

N240 M 05

N250 M 30

外轮廓表面加工：

在自动方式下，采用 93°右偏刀（T01）自右至左车外表面→采用 93°左偏刀（T02）自左至右车外表面。用三爪自定心卡盘夹紧心轴，装上工件用螺母固定，尾座支撑且找正使同心。加工程序如下：

%5003

N10 T 0101 M 03 S600 M 08

N 20 G 90 G 94

N 30 G 00 X72 Z2.0（快进至子程序循环起始点）

N 40 G71 U1 R1 P50 Q90 X0.5 Z0.05 F100（X 向进刀 2 mm）

N 50 G01 X47 Z0

N60 G01X50 Z–1.5

N70 G 01 Z –15.0

N 80 G 02 X60 Z–20 R5.0

N 90 G 03 X70 Z–25 R5.0

    G 00 X100.0 Z200.0

N100 T0202

N 110 G 00 X72.0 Z–78.0（快进至切削循环起点）

N 120 G 80 X68.0 Z –28.0 F 100 （外圆切削单一固定循环）

N130 X66.0 Z–28.0

N140 X64.0 Z–28.0

N150 X62.0 Z–28.0

N160 X60.5 Z–28（切至 ϕ60.5 mm，留 0.5 mm 余量）

N170 X58.0 Z–71.5（循环加工阶梯段，Z 向留 0.5 mm 余量）

N180 X56.0 Z–71.5

N190 X54.0 Z–71.5

N200 X52.0 Z–71.5

N210 X50.5 Z–71.5（切至 ϕ50.5mm，留 0.5 mm 余量）

N 220 G 00 X47.0 Z–78.0

N 230 G 01 Z –76.0 F 100（移至倒角起点，精切零件外轮廓起始点）

N240 X50.0 Z–74.5

N250 Z–71.5

N260 X60.0

N270 Z–28.0

N 280 G 03 X62.0 Z–27.0 R1.0

N 290 G 01 X68.0

N 300 G 02 X70.0 Z–26.0 R1.0

N 310 G 01 Z–25.0

N 320 G 00 X100.0 Z200.0

N 330 M 05

N 340 M 30

一、实训习题

1．如图 3-22 所示零件，请完成零件的工艺分析并编制数控加工程序。

零件坯料： ϕ16 铝管。

生产规模：小批量。

2．如图 3-23 所示零件，请完成零件的工艺分析并编制数控加工程序。

零件坯料： ϕ60 铝管。

生产规模：小批量。

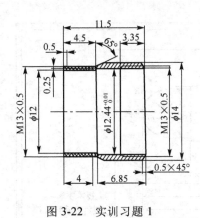

图 3-22 实训习题 1

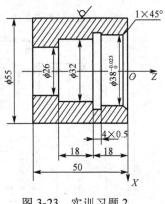

图 3-23 实训习题 2

项目 3.6 中等复杂轴类零件编程加工

[项目目的]

■ 1. 了解较复杂轴类零件的结构特点和车削加工特点；
■ 2. 熟练掌握轴类零件加工的编成指令；

[项目内容]

1. 如何实现内外圆柱面、圆锥面、内外螺纹、环槽的加工？
2. 长轴类零件的装夹有何特点？

[相关知识点析]

一、实训内容

例题分析

如图 3-24 所示，已知毛坯为 $\phi40 \times 150$ 的 45 钢，要求编制数控加工程序并完成零件的加工。

1. 零件结构分析

该零件属于较复杂的轴类零件，其轮廓由球面、锥面、外圆柱螺纹、环槽及圆柱面组成。其中螺纹部分及圆柱面有较高的精度要求，其他结构要求较低。

2. 工艺路线安排

由于工件长度较短，可采用三爪卡盘装夹，编程时以工件右端中心为工件坐标原点，并按照以下工艺路线加工。

（1）工件伸出卡盘外 85mm，找正后夹紧。

（2）用 90° 外圆刀车工件右端面，粗车外圆 $\phi38.5 \times 80$。

（3）先车出 $\phi30.5 \times 40$ 圆柱，再车出 $\phi22.5 \times 20$ 圆柱。

（4）车右端圆弧，车圆锥，分别留 0.5mm 精车余量。

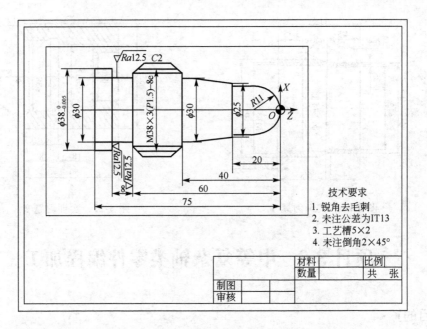

图 3-24　中等复杂轴类零件

（5）精车外形轮廓至尺寸。

（6）切退刀槽，并用切槽刀右刀尖倒出 M38×3 螺纹左端 C2 倒角。

（7）换螺纹刀车双线螺纹。

（8）切断工件。

3. 刀具选择

选择 93°正偏刀为 T01 号刀，T02 为切槽刀（宽 4mm），T03 为 60°硬质合金螺纹刀。

4. 切削用量确定

工　序	转速/（r/min）	进给速度/（mm/min）
粗车外圆	600	150
精车外圆	1000	60
切断	420	30
双线螺纹	600	

5. 程序编制

以工件右端中心作为工件坐标系坐标原点，整个轮廓走刀连续完成，采用径向依次进刀经多次循环完成成型面加工，在程序编制中要对图样中的双线螺纹计算。

（1）计算双线螺纹 M38×3(P1.5) 的底径：

$$d'=d-2\times0.62P=(38-2\times0.62\times15)\text{mm}=36.14\text{mm}$$

（2）确定背吃刀量分配：

轮廓加工按四次走刀加工，其吃刀量分配为：1mm、0.5mm、0.3mm、0.06mm。

编制 FANUC 程序如下：

O1234;

N10 G90 G98	分进给，绝对值编程
N20 S600 M03	主轴正转，转速 600r/min
N30 T0101 M08	换 1 号外圆刀，切削液开
N40 G00 X45 Z0	快速进刀
N50 G01 X 0 F 80	车端面
N60 G00 X38.5 Z2	快速退刀
N70 G01 Z −80 F 150	粗车外圆
N80 G00 X42 Z2	快速退刀
N90 G00 X34	快速进刀
N100 G01 Z−40	粗车外圆
N110 G00 X42 Z2	快速退刀
N120 G00 X30.5	快速进刀
N130 G01 Z−40	粗车外圆
N140 G00 X42 Z2	快速退刀
N150 G00 X26	快速进刀
N160 G01 Z−20	粗车外圆
N170 G00 X30 Z2	快速退刀
N180 G00 X22.5	快速进刀
N190 G01 Z−20	粗车外圆
N200 G00 X30 Z2	快速退刀
N210 G00 X0	快速进刀
N220 G03 X26 Z−11 R 13 F 100	粗车 R13 圆弧
N230 G00 Z0.5	快速退刀
N240 G00 X0	快速进刀
N250 G03 X23 Z−11 R11.5	粗车 R11.5 圆弧
N260 G00 X25.5 Z−18	快速进刀
N270 G01 X25.5 Z−20	
N280 X30.5 Z−40	车圆锥
N290 G00 X100 Z100	快退至起刀点
N295 S1000 M03	主轴变速，转速 1000r/min
N300 G00 X2 Z2	快速进刀
N310 G01 X0 Z 0 F 60	进刀至（0，0）点
N320 G03 X22 Z−11 R11	精车 R11 圆弧
N330 G01 Z−20	精车 ϕ22 外圆
N340 X25	精车台阶
N350 X30 Z−40	精车圆锥
N360 X34	精车台阶
N370 X37.8 Z−42	倒角
N380 Z−60	精车台阶
N390 X37.975	
N400 Z−80	精车 M38 螺纹外圆至 ϕ37.8
N410 G00 X100 Z100	精车 ϕ38 外圆 快退至起刀点
N420 T0202	换 2 号切槽刀
N430 S420 M03	主轴变速，转速 420r/min

N440 G00 X40 Z–64	快速进刀至（X40，Z–64）
N450 G01 X 30.2 F 30	切槽至φ30.2
N460 G00 X40	快速退刀
N470 G00 Z–68	向左移动 4mm
N480 G01 X 30 F 30	切槽至φ30
N490 Z–64	向右横拖 4m，消除切槽刀接缝线
N500 G00 X40	快速退刀
N510 G00 Z–61	快速进刀
N520 G01 X34 Z –64 F 30	用切槽刀右刀尖倒 M38 螺纹左端 2×45° 倒角
N530 G00 X100	快退至起刀点
N540 Z100	
N550 T0303	换 3 号螺纹刀
N560 S600 M03	主轴变速，转速 600r/min
N570 G00 X37 Z–34	快速进刀
N580 M98 O1235	调子程序车第一条螺纹
N590 G00 X36.5	快速进刀
N600 M98 O1235	调子程序车第一条螺纹
N610 G00 X36.2	快速进刀
N620 M98 O1235	调子程序车第一条螺纹
N630 G00 X36.14	快速进刀
N640 M98 O1235	调子程序车第一条螺纹
N650 G00 X37 Z–35.5	快速进刀
N660 M98 O1235	调子程序车第一条螺纹
N670 G00 X36.5	快速进刀
N680 M98 O1235	调子程序车第一条螺纹
N690 G00 X36.2	快速进刀
N700 M98 O1235	调子程序车第一条螺纹
N710 G00 X36.14	快速进刀
N720 M98 O1235	调子程序车第一条螺纹
N730 G00 X100 Z100	退到起刀点
N740 T0202 S420 M03	换 2 号切槽刀，主轴变速，转速 420r/min
N750 G00 X42 Z–79	快速进刀
N760 G01 X 0 F 30	切断
N770 G00 X100	退刀
N780 Z 100 M09	回换刀点
N790 M05	主轴停止
N800 M02	程序结束

FANUC 子程序 O1235

N10 G91 G33 Z –28 F3	车削螺纹
N20 G00 X10	快速退刀
N30 G00 Z28	返回
N40 G90	改为绝对坐标编程
N50 M99	子程序结束

编制 HTC-21T 程序如下：

%1234；

N10 G90 G94	分进给，绝对值编程
N20 S600 M03	主轴正转，转速 600r/min
N30 T0101 M08 F80	换 1 号外圆刀，切削液开
N40 G00 X45 Z0	快速进刀（循环开始）
N50 G71 U1 R1 P60 Q140 X0.5 Z0	调用循环
N60 G00 X0	
N70 G01 Z0	
N80 G03 X22 Z–11	
N90 G01 Z–20	
N100 G01 X25	
N110 G01 X30 Z–40	
N120 G01 X34	
N130 G01 X38 Z–42	
N140 G01 Z–75	
N150 G00 X100 Z100	退刀
N420 T0202	换 2 号切槽刀
N430 S420 M03	主轴变速，转速 420r/min
N440 G00 X40 Z–64	快速进刀至（X40，Z–64）
N450 G01 X 30.2 F 30	切槽至 ϕ30.2
N460 G00 X40	快速退刀
N470 G00 Z–68	向左移动 4mm
N480 G01 X30 F30	切槽至 ϕ30
N490 Z–64	向右横拖 4mm，消除切槽刀接缝线
N500 G00 X40	快速退刀
N510 G00 Z–61	快速进刀
N520 G01 X34 Z–64 F30	用切槽刀右刀尖倒 M38 螺纹左端 2×45° 倒角
N530 G00 X100	快退至起刀点
N540 Z100	
N550 T0303	换 3 号螺纹刀
N560 S600 M03	主轴变速，转速 600r/min
N570 G00 X37 Z–34	快速进刀
N580 M98 O1235	调子程序车第一条螺纹
N590 G00 X36.5	快速进刀
N600 M98 O1235	调子程序车第一条螺纹
N610 G00 X36.2	快速进刀
N620 M98 O1235	调子程序车第一条螺纹
N630 G00 X36.14	快速进刀
N640 M98 O1235	调子程序车第一条螺纹

N650 G00 X37 Z–35.5	快速进刀
N660 M98 O1235	调子程序车第一条螺纹
N670 G00 X36.5	快速进刀
N680 M98 O1235	调子程序车第一条螺纹
N690 G00 X36.2	快速进刀
N700 M98 O1235	调子程序车第一条螺纹
N710 G00 X36.14	快速进刀
N720 M98 O1235	调子程序车第一条螺纹
N730 G00 X100 Z100	退到起刀点
N740 T0202 S420 M03	换 2 号切槽刀，主轴变速，转速 420r/min
N750 G00 X42 Z–79	快速进刀
N760 G01 X 0 F 30	切断
N770 G00 X100	退刀
N780 Z 100 M09	回换刀点
N790 M05	主轴停止
N800 M30	程序结束
#1235	
N10 G91 G32 Z –28 F 3	车削螺纹
N20 G00 X10	快速退刀
N30 G00 Z28	返回
N40 G90	改为绝对坐标编程
N50 M99	子程序结束

二、实训习题

1. 如图 3-25 所示零件，已知毛坯为 $\phi90\times300$ 的 45 钢，小批量生产，要求编制数控加工程序并完成零件的加工。

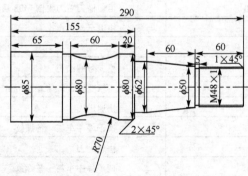

图 3-25　实训习题 1

2. 如图 3-26 所示零件，已知毛坯为 $\phi60\times147$ 的 45 钢，小批量生产，要求编制数控加工程序并完成零件的加工。

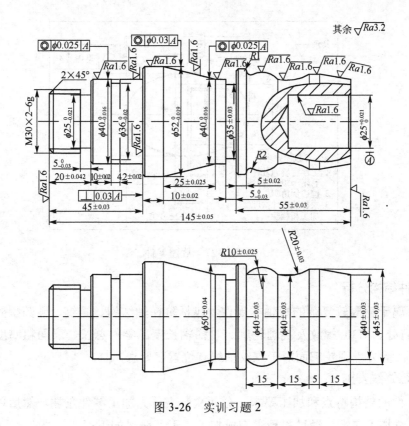

图 3-26 实训习题 2

项目 3.7 综 合 车 削

[项目目的]

本项目是对学生已掌握的基本指令进行综合实训练习，主要锻炼学生的综合编程能力——基本指令的灵活运用、复杂轮廓加工的刀具选择和走刀安排、数控加工工艺的熟练运用。

[项目内容]

1．相关内容回顾

（1）内孔轮廓循环加工指令；

（2）螺纹孔的加工；

（3）圆弧轮廓加工刀具的选择问题。

2．宏程序的使用

[相关知识点析]

一、实训内容

例题分析

如图 3-27 所示零件，编写加工程序。

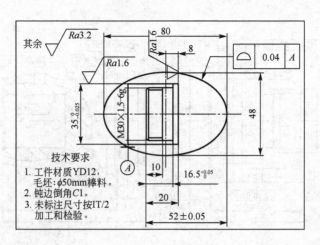

图 3-27　数控零件

1. 零件结构分析

该零件属于轮廓较复杂的短轴类零件，包括阶梯轴结构、螺纹、椭圆型外轮廓。其中 $\phi35$ 轴肩处、M30 螺纹及椭圆轮廓、阶梯轴长度、零件总长、表面粗糙度都有较高的精度要求，另外椭圆轮廓面对于螺纹轴线有位置度要求。

2. 工艺路线安排

根据零件的结构特点和加工要求，分两次装夹，先加工零件左端，然后以螺纹面及 $\phi35$ 端面定位加工右端，经过粗精车完成加工。工艺路线如下：

坯料装夹—平端面、外轮廓循环粗车—外轮廓循环精车并倒角—测量检验—螺纹循环加工—测量检验—切断

调头用薄铜皮包裹螺纹装夹，以螺纹面及 $\phi35$ 端面定位—椭圆轮廓循环加工

3. 刀具选择

结合零件的结构特点和精度要求，加工需要 93° 左偏车刀 T01；60° 外螺纹车刀 T02。

4. 切削用量确定

工　　序	转速/（r/min）	进给速度/（mm/min）
粗车外圆	800	150
精车外圆	1500	80
螺纹	600	

5. 程序编制、工件坐标系的确定

根据车削加工特点以零件的右端面中心作为工件坐标系原点。

编制程序所需相关知识介绍：

（1）宏程序编程概述

① 宏变量及常量

② 运算符与表达式

a. 算术运算符

b. 条件运算符

c. 逻辑运算符

d. 函数

e. 表达式

③ 赋值语句

④ 条件判断语句

⑤ 循环语句

（2）宏变量及常数

① 宏变量

#0～#49　　当前局部变量　　　　　　　#50～#199　　全局部变量

#200～#249　0 层局部变量　　　　　　#250～#299　1 层局部变量

#300～#349　2 层局部变量　　　　　　#350～#399　3 层局部变量

#400～#449　4 层局部变量　　　　　　#450～#499　5 层局部变量

#500～#549　6 层局部变量　　　　　　#550～#599　7 层局部变量

#600～#699　刀具长度寄存器 H0～H99

#700～#799　刀具半径寄存器 D0～D99

#800～#899　刀具寿命寄存器

#1000～#1194 系统内状态变量（只可调用，不可赋值）

② 参数传递规则

程序段（执行后）	当前变量	一级变量	二级变量	三级变量
G92 x0 y0 z0	空	空	空	空
N1 #10=18(#210=18)	#10=18	#210=18	空	空
G01 X–5 Z–10 F200	同上	同上	空	空
X10	同上	同上	空	空
A2 B1M98 P100[M30]	#0=2　#1=1　#12=98 #15=100 #30=5 #32=−10 （刷新）	同上	#250=2　#251=1　#262=98 #265=100 #280=5 #282=−10	空
%100 N2 #10=28(#260= 28)	#10=28 及上栏变量	同上	#260=28 及上栏变量	空
G01 X[11＋#0] Z[12＋#1]	同上	同上	同上	空
M98 P110 [M99(2)]	#12=98，　#15=110， #30=5.5，#32=12（刷新）	同上	同上	#312=98，#315=110 #330=5.5，#332=12
%110N3 #10=38(#310= 38)	#10=38 及上栏变量	同上	同上	#310=38 及上栏变量
M99(3)	#10=28，#12=98， #15=100，#30=5， #32=−10	同上	同上	同上
M99(2)	#10=18	同上	同上	同上
M30	空	空	空	空

③ 宏常量

PI：圆周率π

TURE：条件成立（真）

FALSE：条件不成立（假）

（3）运算符与表达式

① 算术运算符＋、–、*、/

② 条件运算符

EQ（＝）、NE（ ）、GT（＞）、GE（＝＞）、LT（＜）、LE（＝＜）

AR[]判断参数合法性的宏（判断是否定义，是增量还是绝对）

③ 逻辑运算符

AND（与）、OR（或）、NOT（非）

④ 函数

SIN（正弦）、COS（余弦）、TAN（正切）、

ATAN（反正切–90°～90°）、ATAN2（反正切–180°～180°）、

ABS（绝对值）、INT（取整）、SIGN（取符号）、

SQRT（开方）、EXP（指数）

⑤ 表达式

用运算符连接起来的常数或宏变量构成表达式。

（4）赋值语句

格式：宏变量=常数或表达式

#2 = 175/SQRT[2] * COS[55 * PI/180]；

#3 = 124.0；

（5）条件判别语句 IF，ELSE，ENDIF

格式(Ⅰ)：IF　条件表达式

　　　　　…

　　　　　　ELSE

　　　　　…

　　　　　　ENDIF

格式(Ⅱ)：IF　条件表达式

　　　　　…

　　　　　　ENDIF

（6）循环语句 WHILE，ENDW

格式：WHILE　条件表达式

　　　　　…

　　　　　　ENDW

编制 FANUC 程序如下：

O0001——零件左端加工

段号	程 序 内 容	程序段注释
N5	G98	每分钟进给
N10	T0101 S800 M3	转速设定,换1号刀
N15	G0 X51 Z3	快进到外径循环粗车起点
N20	G71 U1.5 R1	外径粗车循环,单边切深1.5mm,单边退刀1mm
N25	G71 P30 Q70 U0.5 W0.1 F150	粗加工循环段号30~70,精加工径向双边余量0.5mm,轴向0.1mm,进给速度150mm/min
N30	G1 X25	进到外径粗车循环起点
N35	Z0	
N40	G1 Z-30	
N45	X28	
N50	X29.8 Z-31	倒角
N55	Z-46.5	
N60	X34.988	
N65	Z-50	
N70	X50	
N75	G0 X100 Z50	退刀
N80	M5	主轴停转
N85	M0	程序暂停
N90	S1500 M3 F80 T0101	精车转速、进给速度设定
N95	G0 X51 Z3	快速进刀
N100	G70 P30 Q70	精加工循环
N105	G0 X100 Z50	退刀
N110	M5	
N115	M0	
N120	T0202 S600 M3	换外螺纹车刀,螺纹车削转速设定
N125	G0 X32 Z-25	螺纹加工循环起点
N130	G76 P10160 Q80 R0.1	螺纹循环加工,精加工1次,尾部倒角0.1个导程,刀尖角60°,最小背吃刀量0.08mm,精加工余量0.1mm
N135	G76 X28.14 Z-40 R0 P930 Q 350 F 1.5	有效螺纹终点设定,牙型高度0.93,第1次背吃刀量,单边0.35mm,螺纹导程1.5mm
N140	G0 X100 Z50	退刀
N145	M5	
N150	M30	程序结束

O0002——零件右端加工

段号	程序内容	程序段注释
N5	G98	每分钟进给
N10	T0101 S800 M3 F150	转速设定,换1号刀
N15	G0 X51 Z3	快进到起点
N20	#150=49	设置最大切削余量49mm
N25	IF[#150LT1]GOTO45	毛坯余量小于1,转到N45程序段
N30	GM98 P0003	调用椭圆加工子程序
N35	#150=#150-2	每次背吃刀量:双边2mm

段号	程序内容	程序段注释
N40	GOTO25	转到 N25 程序段
N45	G0 X100 Z50	退刀
N50	M5	主轴停转
N55	M30	程序结束

O0003 ——椭圆加工子程序

段号	程 序 内 容	程序段注释
N5	#101=40	长半轴
N10	#102=44	短半轴
N15	#103=40	Z 轴起始尺寸
N20	IF [#103LT8] GOTO 50	走到 Z 轴终点转到 N50 程序段
N25	#104=SQRT[#101*#101−#103*#103]	
N30	#105=24*#104/40	X 轴变量
N35	G1 X[2*#105+#105] Z[#103−40]	椭圆插补
N40	#103=#103−0.5	Z 轴步距,每次 0.5mm
N45	GOTO 20	跳转到 N20 程序段
N50	W−1	
N55	G0 U2	
N60	Z2	退回起点
N65	M99	子程序结束

编制 HTC-21T 程序如下:

%0001——零件左端加工

段号	程 序 内 容	程序段注释
N5	G95	每分钟进给
N10	T0101 S800 M3	转速设定,换 1 号刀
N15	G0 X51 Z3	快进到外径循环粗车起点
N25	G71 U1.5 R1 P30 Q70 U0.5 W0.1 F150 S1500 M3 F80 T0101	外径粗车循环,单边切深 1.5mm,单边退刀 1mm 粗加工循环段号 30～70,精加工径向双边余量 0.5mm,轴向 0.1mm,进给速度 150mm/min
N30	G1 X25	进到外径粗车循环起点
N35	Z0	
N40	G1 Z−30	
N45	X28	
N50	X29.8 Z−31	倒角
N55	Z−46.5	
N60	X34.988	
N65	Z−50	
N70	X50	
N75	G0 X100 Z50	退刀
N80	M5	主轴停转
N85	M0	程序暂停

段号	程序内容	程序段注释
N120	T0202 S1000 M3	换外螺纹车刀，螺纹车削转速设定
N125	G0 X32 Z-25	螺纹加工循环起点
N135	G76 P10160 Q80 R0.1X28.14 Z-40 R0 P930 Q 350 F 1.5	螺纹循环加工，精加工 1 次，尾部倒角 0.1 个导程，刀尖角 60°，最小背吃刀量 0.08mm，精加工余量 0.1mm，有效螺纹终点设定，牙型高度 0.93，第 1 次背吃刀量，单边 0.35mm，螺纹导程 1.5mm
N140	G0 X100 Z50	退刀
N145	M5	
N150	M30	程序结束

%0002 ——零件右端加工

段号	程序内容	程序段注释
N5	G95	每分钟进给
N10	T0101 S800 M3 F150	转速设定，换 1 号刀
N15	G0 X51 Z3	快进到起点
N20	#150=49	设置最大切削余量 49mm
N25	While[#150LT1]	毛坯余量小于 1，转到 N45 程序段
N30	GM98 P0003	调用椭圆加工子程序
N35	#150=#150-2	每次背吃刀量：双边 2 mm
N40	Endw	转到 N25 程序段
N45	G0 X100 Z50	退刀
N50	M5	主轴停转
N55	M30	程序结束

%0003——椭圆加工子程序

段号	程序内容	程序段注释
N5	# 101=40	长半轴
N10	#102=44	短半轴
N15	#103=40	Z 轴起始尺寸
N20	While [#103LT8]	走到 Z 轴终点转到 N50 程序段
N25	#104=SQRT[#101*#101-#103*#103]	
N30	#105=24*#104/40	X 轴变量
N35	G1 X[2*#105+#105] Z[#103-40]	椭圆插补
N40	#103=#103-0.5	Z 轴步距，每次 0.5mm
N45	Endw	跳转到 N20 程序段
N50	W-1	
N55	G0 U2	
N60	Z2	退回起点
N65	M99	子程序结束

二、实训习题

编写图 3-28 所示零件的加工程序。要求写出零件的工艺分析、加工路线并填写工艺卡片、刀具卡片。

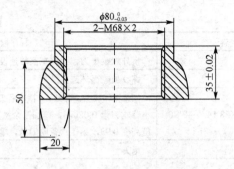

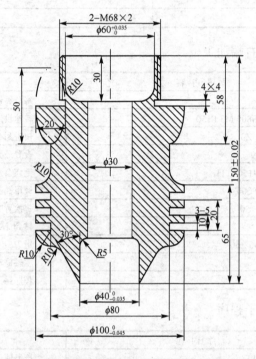

图 3-28　实训习题

模块四　职业技能鉴定题库

项目 4.1　数控车床职业技能鉴定应知题

一、选择题

1．假设用剖切平面将机件的某处切断，仅画出断面的图形称为（　　）。

　　A．剖视图　　　　　　　B．剖面图　　　　　　C．半剖视　　　　　　D．半剖面

2．在机械制图中，螺纹的轮廓线和牙底线分别用（　　）来表示。

　　A．粗实线和细实线　　　　　　　　　B．细实线和粗实线

　　C．粗实线和粗实线　　　　　　　　　D．细实线和细实线

3．内螺纹的大径应画（　　）。

　　A．粗实线　　　　　　　B．细实线　　　　　　C．虚线　　　　　　D．点画线

4．形位公差框格的第一格应填写（　　）。

　　A．形位公差名称　　　　　　　　　　B．形位公差项目符号

　　C．形位公差数值　　　　　　　　　　D．位置公差基准代号

5．选择主视图一般考虑零件的哪三个"位置"（　　）。

　　A．工作位置、加工位置或基准位置　　B．加工位置、基准位置或安装位置

　　C．安装位置、工作位置或基准位置　　D．工作位置、加工位置或安装位置

6．在车间生产中执行技术标准严格坚持"三按"，即（　　）组织生产，不合格产品不出车间。

　　A．按人员、按设备、按资金　　　　　B．按人员、按物资、按资金

　　C．按图纸、按工艺、按技术标准　　　D．按车间、接班组、按个人

7．封闭环公差等于（　　）。

　　A．各组成环公差之和　　　　　　　　B．各组成环公差之差

　　C．增环的公差　　　　　　　　　　　D．减环公差

8．确定工件加工工艺包括毛坯形状，零件定位装夹，刀具几何角度选择，刀具位置走刀步骤和（　　）等。

　　A．切削用量　　　　B．冷却润滑液　　　C．零件检验方法　　　D．电机动力

9．圆柱形工件加工后外径发生椭圆的故障原因是（　　）。

A．主轴承间隙过大　　　　　　　　B．刀具影响

C．床身导轨磨损　　　　　　　　　D．齿条啮合误差

10．程序编制内容之一是确定零件加工工艺，包括零件的毛坯形状，零件的定位和装夹刀具的（　　）选择等。

A．材料　　　　B．几何角度　　　　C．修磨方法　　　　D．切削用量

11．内孔车刀车孔时可通过控制切屑的流出方向来解决排屑问题，可通过改变（　　）的值来改变切屑的流出方向。

A．前角　　　　B．后角　　　　C．刃倾角　　　　D．刀尖角

12．在车床上钻深孔，由于钻头刚性不足，钻削后（　　）。

A．孔径变大，孔中心线不弯曲　　　B．孔径不变，孔中心线弯曲

C．孔径变大，孔中心线平直　　　　D．孔径不变，孔中心线不变

13．硬质合金中钴的含量越高，则材料的（　　）。

A．强度和韧性越好　　　　　　　　B．硬度和耐磨性越好

C．导热性越好　　　　　　　　　　D．导热性越差

14．修磨麻花钻横刃的目的是（　　）。

A．减小横刃处前角　　　　　　　　B．增加横刃强度

C．增大横刃处前角、后角　　　　　D．缩短横刃，降低钻削力

15．接触器的释放是靠（　　）实现的。

A．电磁力　　　　B．重力　　　　C．反作用弹簧力　　　　D．吸引力

16．产生加工误差的原因中，属于机床精度误差是（　　）。

A．导轨误差　　　　B．夹紧误差　　　　C．刀具误差　　　　D．测量误差

17．冷却系统由水泵、（　　）、风扇、分水管和机体及气缸盖浇铸出的水套等组成。

A．分电器　　　　B．散热器　　　　C．空气滤清器　　　　D．机油滤清器

18．圆度公差带是指（　　）。

A．半径为公差值的两同心圆之间区域

B．半径差为公差值的两同心圆之间区域

C．在同一正截面上，半径为公差值的两同心圆之间区域

D．在同一正截面上，半径差为公差值的两同心圆之间区域

19．轴类零件孔加工应安排在调质（　　）进行。

A．以前　　　　B．以后　　　　C．同时　　　　D．前或后

20．（　　）主要起冷却作用。

A．水溶液　　　　B．乳化液　　　　C．切削油　　　　D．防锈剂

21．直接改变原材料、毛坯等生产对象的形状、尺寸和性能，使之变为成品或半成品的过程称（　　）。

A．生产工艺　　　　B．生产过程　　　　C．工序　　　　D．工艺过程

22．麻花钻的两个螺旋槽表面就是（　　）。

A．主后刀面　　　　B．副后刀面　　　　C．前刀面　　　　D．切削平面

23. 数控车床的转塔刀架采用（   ）驱动，可进行重负荷切削。

    A. 液压马达   B. 液压泵   C. 气动马达   D. 气泵

24. 已知两圆的方程，采用联立两圆方程的方式求两圆交点，如果判别式 $\varDelta=0$，则说明两圆弧（   ）。

    A. 有一个交点   B. 相切   C. 没有交点   D. 有两个交点

25. 切削速度的选择，主要取决于（   ）。

    A. 工件余量   B. 刀具材料   C. 刀具耐用度   D. 工件材料

26. 车削轴类零件时，如果毛坯余量不均匀，切削过程中背吃刀量发生变化，工件会产生（   ）误差。

    A. 圆柱度   B. 尺寸   C. 同轴度   D. 圆度

27. 形状公差项目符号是（   ）。

    A. ◎   B. ⊥   C. —   D. ∥

28. 一般零件的加工工艺线路（   ）。

    A. 粗加工   B. 精加工

    C. 粗加工—精加工   D. 精加工—粗加工

29. 表面粗糙度通常是按照波距来划分，波距小于（   ）mm 属于表面粗糙度。

    A. 0.01   B. 0.1   C. 0.5   D. 1

30. 尺寸链中封闭环（   ）等于各组成环公差之和。

    A. 基本尺寸   B. 上偏差   C. 下偏差   D. 公差

31. 试车工作是将静止的设备进行运转，以进一步发现设备中存在的问题，然后作最后的（   ），使设备的运行特点符合生产的需要。

    A. 改进   B. 修理和调整   C. 修饰   D. 检查

32. 基本偏差代号为 J、K、M 的孔与基本偏差代号为 h 的轴可以构成（   ）。

    A. 间隙配合   B. 间隙或过渡配合

    C. 过渡配合   D. 过盈配合

33. 用水平仪检验机床导轨的直线度时，若把水平仪放在导轨的右端，气泡向右偏 2 格；若把水平仪放在导轨的左端，气泡向左偏 2 格，则此导轨是（   ）状态。

    A. 中间凸   B. 中间凹   C. 不凸不凹   D. 扭曲

34. 小型液压传动系统中用得最为广泛的泵是（   ）。

    A. 柱塞泵   B. 转子泵   C. 叶片泵   D. 齿轮泵

35. 表达机件的断面形状结构，最好使用（   ）图。

    A. 局部放大   B. 剖视   C. 半剖视   D. 剖面

36. YG8 硬质合金，其中数字 8 表示（   ）含量的百分数。

    A. 碳化钨   B. 钴   C. 钛   D. 碳化钛

37. 有一普通螺纹的公称直径为 12mm，螺距为 1mm，单线，中径公差代号为 6g，顶径公差代号为 6g，旋合长度为 L，左旋。则正确标记为（   ）。

    A. M12×1—66g—LH   B. M12×1 LH—6g6g—L

C．M12×1—6g6g—L 左　　　　　D．M12×1 左—6g6g—L

38．梯形螺纹测量一般是用三针测量法测量螺纹的（　　　）。
　　A．大径　　　　　B．小径　　　　　C．底径　　　　　D．中径

39．车削圆锥面时，当刀尖装得高于工件中心时，会产生（　　　）误差。
　　A．圆度　　　　　B．双曲线　　　　C．圆跳动　　　　D．表面粗糙度

40．在钢件上攻 M16 的螺纹时，底孔直径应加工至（　　　）mm 较为合适。
　　A．12.75　　　　B．13.5　　　　　C．14　　　　　　D．14.5

41．数控机床加工过程中，"恒线速切削控制"的目的是（　　　）。
　　A．保持主轴转速的恒定　　　　　　B．保持进给速度的恒定
　　C．保持切削速度的恒定　　　　　　D．保持金属切除率的恒定

42．液压系统常出现的下列四种故障现象中，只有（　　　）不是因为液压系统的油液温升引起的。
　　A．液压泵的吸油能力和容积效率降低
　　B．系统工作不正常，压力、速度不稳定，动作不可靠
　　C．活塞杆爬行和蠕动
　　D．液压元件内外泄漏增加，油液加速氧化变质

43．一面两销定位中所使用的定位销为（　　　）。
　　A．圆柱销　　　　　　　　　　　　B．圆锥销
　　C．菱形销　　　　　　　　　　　　D．圆柱销和圆锥销均可

44．几何形状误差包括宏观几何形状误差，微观几何形状误差和（　　　）。
　　A．表面波度　　　B．表面粗糙度　　C．表面不平度　　D．表面跳动度

45．麻花钻的横刃由于具有较大的（　　　），使得切削条件非常差，造成很大的轴向力。
　　A．负前角　　　　B．后角　　　　　C．主偏角　　　　D．副偏角

46．分析切削层变形规律时划分的三个变形区中，消耗大部分功率并产生大量切削热的区域是（　　　）。
　　A．第一变形区　　　　　　　　　　B．第二变形区
　　C．第三变形区　　　　　　　　　　D．第二、三变形区

47．钨钴类硬质合金的刚性、可磨削性和导热性较好，一般用于切削（　　　）和有色金属及其合金。
　　A．碳钢　　　　　B．工具钢　　　　C．合金钢　　　　D．铸铁

48．在金属切削机床加工中，下述运动中（　　　）是主运动。
　　A．铣削时工件的移动　　　　　　　B．钻削时钻头直线运动
　　C．磨削时砂轮的旋转运动　　　　　D．牛头刨床工作台的水平移动

49．砂轮的硬度取决于（　　　）。
　　A．磨粒的硬度　　　　　　　　　　B．结合剂的黏结强度
　　C．磨粒粒度　　　　　　　　　　　D．磨粒率

50．使用深度游标卡尺度量内孔深度，应尽量取其（　　　）。

    A．最大读值　　　B．最小读值　　　C．图示值　　　　D．偏差量

51．车削蜗杆时，主轴的轴向窜动会使蜗杆（　　　）产生误差。

    A．中径　　　　　B．齿形角　　　　C．周节　　　　　D．粗糙度

52．车削轴类零件时，（　　　）不会在车削过程中引起振动，使工件表面粗糙度达不到要求。

    A．车床刚性差　　　　　　　　　B．传动零件不平衡

    C．导轨不直　　　　　　　　　　D．滑板镶条太松

53．切削金属材料时，在切削速度较低，切削厚度较大，刀具前角较小的条件下，容易形成（　　　）。

    A．挤裂切屑　　　B．带状切屑　　　C．崩碎切屑

54．在一根轴上能同时存在两种不同转速的是（　　　）。

    A．齿轮式离合器　　　　　　　　B．摩擦式离合器

    C．超越式离合器　　　　　　　　D．联轴器

55　用高速钢铰刀铰钢件时，铰削速度取（　　　）m/min 较为合适。

    A．4～8　　　　　B．20～30　　　　C．50～60　　　　D．80～120

56．在主截面测量的角度有（　　　）。

    A．主偏角　　　　B．刀尖角　　　　C．刃倾角　　　　D．楔角

57．通孔车刀（镗刀）的主偏角一般取（　　　）较为合适。

    A．15°～30°　　B．60°～75°　　C．85°～90°　　D．90°～95°

58．孔与轴配合$\phi 50H7/k6$配合性质属于（　　　）。

    A．过渡　　　　　B．过盈　　　　　C．间隙　　　　　D．以上皆有可能

59．当机件的倾斜部分的轮廓线与其他部分成 45° 角时，剖面线一般可画成（　　　）。

    A．90°　　　　　B．30°　　　　　C．45°　　　　　D．75°

60．下列因素中，不能提高镗孔表面粗糙度的是（　　　）。

    A．进给量减小　　　　　　　　　B．切削速度提高

    C．正确选用切削液　　　　　　　D．减小刀尖圆弧半径

61．零件的最终轮廓加工应安排在最后一次走刀连续加工，其目的主要是为了保证零件的（　　　）要求。

    A．尺寸精度　　　B．表面粗糙度　　C．形状精度　　　D．位置精度

62．钻加工精密孔，钻头通常磨出第二顶角，一般第二顶角的角度小于（　　　）。

    A．120°　　　　　B．90°　　　　　C．75°　　　　　D．60°

63．深孔是指孔的深度是孔直径（　　　）倍的孔。

    A．5　　　　　　　B．8　　　　　　　C．10　　　　　　　D．12

64．在曲线拟合过程中，要尽量控制其拟合误差。通常情况下，拟合误差仍应小于（　　　）倍的零件公差。

    A．1/10　　　　　B．1/5　　　　　C．1/3　　　　　D．1/2

65. 下列因素中，对切削加工后的表面粗糙度影响最小的因素是（　　）。

　　A．切削速度　　　　　B．背吃刀量 nP　　　C．进给量 f　　　D．切削液

66. 在数控加工过程中产生的基准位移误差，主要是由于（　　）造成的。

　　A．定位元件的制造误差　　　　　　　　B．工件装夹后没找正

　　C．设计基准与定位基准不重合　　　　　D．工件对刀不正确

67. 切削用量的选择原则，在粗加工时，以（　　）作为主要的选择依据。

　　A．加工精度　　　　　　　　　　　　　B．提高生产率

　　C．经济性和加工成本　　　　　　　　　D．工件的强度

68. 选取块规时，应根据所需组合的尺寸 12.345，从数字（　　）开始选取。

　　A．最前一位　　　　　　　　　　　　　B．小数点前一位

　　C．最后一位　　　　　　　　　　　　　D．小数点后一位

69. 一对啮合的标准直齿圆柱齿轮，其（　　）相切。

　　A．齿顶圆　　　　　　　B．分度圆　　　　　　　C．齿根圆

70. 车外圆时，当车刀装得低于工件中心，造成的结果可能是（　　）。

　　A．前角增大，后角减小，切削负载减小

　　B．前角减小，后角增大，切削负载减小

　　C．前角减小，后角增大，切削负载增大

　　D．前角增大，后角减小，切削负载增大

71. 测量反馈装置的作用是为了（　　）。

　　A．提高机床定位、加工精度　　　　　　B．提高机床的使用寿命

　　C．提高机床安全性　　　　　　　　　　D．提高机床灵活性

72. 切削加工时的切削力可分解为主切削力 F_z、切深抗力 F_y 和进给抗力 F_x，其中消耗功率最大的力是（　　）。

　　A．进给抗力 F_x　　　B．切深抗力 F_y　　　C．主切削力 F_z　　D．不确定

73. 粗车 HT150 应选用牌号为（　　）的硬质合金刀具。

　　A．YT15　　　　　　　B．YG 3　　　　　　　C．YG8　　　　　　D．YW

74. 高速钢的最终热处理方法是（　　）。

　　A．淬火＋低温回火　　　　　　　　　　B．淬火＋中温回火

　　C．高温淬火＋多次高温回火　　　　　　D．正火＋球化退火

75. 灰铸铁 HT200 其牌号数字 200 表示该号灰铸铁的（　　）。

　　A．抗拉强度　　　　　B．屈服强度　　　　　C．疲劳强度　　　　D．抗弯强度

76. 金属热处理中调质是指（　　）的热处理方式。

　　A．淬火＋高温回火　　　　　　　　　　B．淬火＋中温回火

　　C．淬火＋低温回火　　　　　　　　　　D．时效处理

77. 材料 45 钢的含碳量是（　　）。

　　A．45%　　　　　　　B．4.5%　　　　　　　C．0.45%　　　　　D．0.045%

78. 为细化组织，提高力学性能，改善切削加工性，常对低碳钢零件进行（　　）

数控车床操作教程

处理。

    A．完全退火　　B．正火　　　　C．去应力退火　　　D．再结晶退火

79．在要求平稳、流量均匀、压力脉动小的中、低压液压系统中，应选用（　　）。

    A．CB 型齿轮泵　　　　　　　　B．YB 型叶片泵

    C．轴向柱塞泵　　　　　　　　D．螺杆泵

80．扩散磨损是由于切削中因高温使工件与刀具材料中的某些元素（如铁、碳、钴、钨等）相互扩散到对方，使刀具材料变脆弱，这主要发生在（　　）刀具中。

    A．硬质合金　　B．高速钢　　　C．陶瓷　　　　　D．以上都是

81．车细长轴时，车刀的前角宜取（　　）。

    A．2°～10°　　B．10°～15°　　C．15°～30°　　D．0°

82．若未考虑车刀刀尖半径的补偿值，会影响车削工件的（　　）精度。

    A．外径　　　　B．内径　　　　C．长度　　　　　D．锥度及圆弧

83．尺寸链按功能分为设计尺寸链和（　　）。

    A．封闭尺寸链　　B．装配尺寸链　　C．零件尺寸链　　D．工艺尺寸链

84．轴类零件用双中心孔定位，能消除（　　）个自由度。

    A．六　　　　　B．五　　　　　C．四　　　　　　D．三

85．决定某种定位方法属几点定位，主要根据（　　）。

    A．有几个支承点与工件接触　　　B．工件被消除了几个自由度

    C．工件需要消除几个自由度　　　D．夹具采用几个定位元件

86．长圆柱销定位能限制（　　）个自由度。

    A．2　　　　　　B．3　　　　　　C．4　　　　　　D．5

87．为避免齿轮发生根切现象，齿数 $Z \geqslant$（　　）。

    A．20　　　　　B．17　　　　　C．15　　　　　　D．21

88．高速钢刀具切削温度超过 550～600℃时，刀具材料会发生金相变化，使刀具迅速磨损，这种现象称为（　　）。

    A．扩散　　　　B．相变　　　　C．氧化　　　　　D．粘接

89．为了降低残留面积高度，以便减小表面粗糙度值，（　　）对其影响最大。

    A．主偏角　　　B．副偏角　　　C．前角　　　　　D．后角

90．不属于时间定额的时间因素是（　　）。

    A．基本时间　　　　　　　　　　B．辅助时间

    C．准备结束时间　　　　　　　　D．加工过程中的休息时间

91．群钻（所谓倪志福钻头）是用标准麻花钻修磨而成的，其钻头切削刃部分具有（　　）。

    A．三尖六刃　　B．二尖七刃　　C．三尖三刃　　　D．三尖七刃

92．用游标卡尺测量偏心距，两外圆间最高点数值为 7mm，最低点数值为 3mm，则其偏心距为（　　）mm。

    A．4　　　　　　B．2　　　　　　C．10　　　　　　D．5

93. 在三爪自定心卡盘上车削偏心工件时，应在一个卡爪上垫一块厚度为（　　）倍偏心距的垫片。

    A. 0.5   B. 1   C. 1.5   D. 2

94. 在三爪自定心卡盘上车削偏心工件时，测得偏心距大了 0.06mm，应（　　）。

    A. 将垫片修掉 0.06mm   B. 将垫片加厚 0.06mm

    C. 将垫片修掉 0.09mm   D. 将垫片加厚 0.09mm

95. 车一批精度要求不很高，数量较大的小偏心距偏心工件，宜采用（　　）加工。

    A. 四爪单动卡盘   B. 双重卡盘   C. 两顶尖   D. 以上均可

96. 用四爪单动卡盘加工偏心套时，若测得偏心距增大，可将（　　）偏心孔轴线的卡爪再紧一些。

    A. 远离   B. 靠近   C. 对称于   D. 任意

97. 用三爪自定心卡盘装夹、车薄壁套，当松开卡爪后，外圆为圆柱形，内孔呈弧状三角形这种变形称为（　　）变形。

    A. 变直径   B. 等直径   C. 仿形   D. 弹性

98. 车削薄壁工件的外圆精车刀的前角与普通外圆车刀相比应（　　）。

    A. 适当增大   B. 适当变小   C. 不变   D. 不能确定

99. 车削薄壁工件的内孔精车刀的副偏角应比外圆精车刀的副偏角（　　）。

    A. 大一倍   B. 小一半   C. 不变   D. 不能确定

100. 用弹性胀力心轴（　　）车削薄壁套外圆。

    A. 不适宜   B. 最适宜   C. 仅适宜粗   D. 仅适宜精

101. GCrl5SiMn 是（　　）。

    A. 高速钢   B. 中碳钢   C. 轴承钢   D. 不锈钢

102. 用来表示机床全部运动传动关系的示意图称为机床的（　　）。

    A. 传动系统图   B. 平面展开图   C. 传动示意图   D. 传动结构图

103. 下列目的中，（　　）不是划分加工阶段的目的之一。

    A. 保证加工质量   B. 合理利用设备

    C. 便于组织生产   D. 降低劳动强度

104. 确定加工方案时，必须考虑该种加工方法能达到的加工（　　）和表面粗糙度。

    A. 尺寸精度   B. 形位精度   C. 经济精度   D. 效率

105. 粗加工阶段的关键问题是（　　）。

    A. 提高生产率   B. 精加工余量的确定

    C. 零件的加工精度   D. 零件的表面质量

106. 精加工薄壁内孔，常配做软爪装夹。软爪夹持直径应比工件外圆直径夹（　　）。

    A. 略小   B. 大于   C. 过小

107. 高速切削螺纹时，硬质合金车刀刀尖角应（　　）螺纹的牙型角。

    A. 大于   B. 等于   C. 小于

108. 在数控机床验收中，属于机床几何精度检查的项目是（　　）。

A．回转原点的返回精度   B．箱体掉头镗孔同心度

C．主轴轴向跳动

109．要提高加工工件的质量，有很多措施，但（   ）不能提高加工精度。

A．将绝对编程变成为增量编程   B．减小刀尖圆弧半径

C．控制刀尖中心高

110．加工零件时，将其尺寸控制到（   ）最为合理。

A．基本尺寸   B．最大极限尺寸   C．最小极限尺寸   D．平均尺寸

111．车削中设想的 3 个辅助平面，即切削平面、基面、主截面是相互（   ）。

A．垂直的   B．平行的   C．倾斜的

112．下列刀具材料中，硬度最大的刀具材料是（   ）。

A．高速钢   B．立方氮化硼   C．涂层硬质合金   D．氧化物陶瓷

113．机夹可转位刀片"TBHGl20408EL—CF"，其刀片代号的第一个字母"T"表示（   ）。

A．刀片形状   B．切削刃形状   C．刀片尺寸精度   D．刀尖角度

114．数控车刀的刀尖装得高于工件轴线时，切削过程中刀具前角将（   ）。

A．变大   B．变小   C．不变   D．不一定

115．下列角度中，在切削平面内测量的角度是（   ）。

A．主偏角   B．刀尖角   C．刃倾角   D．楔角

116．车削工件得不到良好的表面粗糙度，其主要原因是（   ）。

A．车削速度太快   B．进给量太慢

C．刀尖半径太大   D．车刀已钝化

117．限位开关的作用是（   ）。

A．线路开关   B．位移控制   C．欠压保护   D．过载保护

118．选择切削用量三要素时，切削速度 u、进给量 f、背吃刀量 a_p 选择的次序为（   ）。

A．u f a_p B．f a_p u C．a_p f u D．f u a_p

119．数控车床的四爪卡盘属于（   ）。

A．通用夹具   B．专用夹具   C．组合夹具   D．成组夹具

120．以下因素中，对工件加工表面的位置误差影响最大的是（   ）。

A．机床静态误差   B．夹具误差

C．刀具误差   D．工件的内应力误差

121．由预先制造好的标准元件组合而成的夹具称为（   ）。

A．通用夹具   B．专用夹具   C．组合夹具   D．可调夹具

122．限制工件的自由度数少于六个，这种定位方式称为（   ）。

A．过定位   B．欠定位   C．完全定位   D．不完全定位

123．数控车床的双顶尖装夹可限制（   ）个自由度。

A．3   B．4   C．5   D．6

124．关于固定循环编程，以下说法不正确的是（　　）。

    A．固定循环是预先设定好的一系列连续加工动作

    B．利用固定循环编程，可大大缩短程序的长度，减少程序所占内存

    C．利用固定循环编程，可以减少加工时的换刀次数，提高加工效率

    D．固定循环编程，可分为单一形状与多重（复合）固定循环两种类型

125．用刀具半径补偿功能时，如刀补设置为负值，刀具轨迹是（　　）。

    A．左补偿   B．右补偿

    C．不能补偿   D．实际补偿方向与程序中指定的补偿方向相反

126．下列数控系统中，采用步进电机进行控制的 SIEMENS 数控系统是（　　），且该型号常用于经济型数控车床。

    A．802S   B．802D   C．810D   D．840D

127．SIEMENS 系统中的指令"G25S300；"表示（　　）为300r/min。

    A．设定主轴最高转速   B．设定主轴最低转速

    C．设定主轴当前转速   D．禁止设定主轴转速

128．下列代码中，属于非模态代码的是（　　）。

    A．G03   B．G28   C．G17   D．G40

129．程序段前加符号"/"表示（　　）。

    A．程序停止   B．程序暂停   C．程序跳跃   D．单段运行

130．"C00 G01 G02 G03 X100．0…；"该指令中实际有效的 G 代码是（　　）。

    A．G00   B．G01   C．G02   D．G03

131．如果子程序的返回程序段为"M99P100；"则表示（　　）。

    A．调用子程序 0100 一次   B．返回子程序 N100 程序段

    C．返回主程序 N100 程序段   D．返回主程序 0100

132．对于指令"G75 R(e)；G75 X(u)__Z(w)__P(Δi)Q(Δk)R(Δd)F__；"中的"Q(Δk)"，下列描述不正确的是（　　）。

    A．Z 向偏移量   B．小于刀宽   C．始终为正值   D．不带小数点值

133．执行指令"G65 H05 P#100 Q35 R10；"后，#100 的值等于（　　）。

    A．350   B．3   C．3.5   D．25

134．下列变量在程序中的书写形式，其中书写有错的是（　　）。

    A．X−#100   B．Y[#1＋#2]   C．SIN[−#100]   D．IF#100 LE 0

135．下列开关中，用于机床空运行的按钮是（　　）。

    A．SINGLE BLOCK   B．MC LOCK

    C．OPT STOP   D．DRY RUN

136．SIEMENS 系统的调用子程序指令"L0123P3"，表示（　　）。

    A．调用子程序 L0123P3 共计三次   B．调用子程序 L0123P3 共计一次

    C．调用子程序 L0123 共计三次   D．调用子程序 L0123 共计一次

137．在 SIEMENS 系统的比较运算过程中，不等于用下列符号中的（　　）表示。

A. NE　　　　　B. ≠　　　　　C. =　　　　　D. <>

138. 下列作为程序跳跃的目标程序段，其书写正确的是（　　）。

A. N10 MARK1 R1–R1＋R2　　　B. N10 MARK2：R5–R5–R2

C. N10 MARK1；R1–R1＋R2　　　D. N10 MARK2. R5–R5–R2

139. 在 SIEMENS 系统中，增量进给的模式选择按钮是（　　）。

A. VAR　　　　B. MDA　　　　C. INS　　　　D. JOG

140. 当机床屏幕上出现"SERVOI DRIVE OVERHEAT"的报警时，则产生报警的原因是（　　）。

A. 切削液位低　　　　　　　　B. 伺服没有准备就绪

C. 伺服系统过热　　　　　　　D. 刀具夹紧状态不正常

141. 数控机床空运行主要是用于检查（　　）。

A. 程序编制的正确性　　　　　B. 刀具轨迹的正确性

C. 机床运行的稳定性　　　　　D. 加工精度的正确性

142. FANUC 系统型车复合循环"G73 U(Ai)W(△k)R(d)；G73 P(ns)Q(nf) U(Au)W(Aw)F__S__T__；"中的 d 是指（　　）。

A. X 方向的退刀量　　　　　B. Z 方向的退刀量

C. X 和 Z 两个方向的退刀量　　D. 粗车重复加工次数

143. FANUC 系统螺纹复合循环指令"G76 P(m)(r)(a)Q(Admin)R(d);G76 X(U)Z(W) R(i)P(k)Q(Ad)F__；"中的 d 是指（　　）。

A. X 方向的精加工余量　　　B. X 方向的退刀量

C. 第一刀切削深度　　　　　　D. 螺纹总切削深度

144. 在 CRT/MDI 面板的功能键中，用于刀具偏置数设置的键是（　　）。

A. POS　　　　B. OFSET　　　C. PRGRM　　　D. CAN

145. FANUC 0i 数控系统的下列代码中，用于主轴最高速度限制的代码是（　　）。

A. G96　　　B. G97　　　C. G50　　　　D. G98

146. 在 SIEMENS 802D 系统数控车床上，进给功能 F 后的数字表示（　　），它一般通过 G95 来设定。

A. 每分钟进给量/(mm/min)　　B. 每秒钟进给量/(mm/s)

C. 每转进给量/(mm/r)　　　　D. 螺纹螺距/mm

147. FANUC 系统的指令"G50 X200.0 Z100.0；"主要用于（　　）。

A. 机床回零　　B. 原点检查　　C. 刀具定位　　　D. 工件坐标系设定

148. FANUC 0 系列数控系统操作面板上用来显示报警号的功能键是（　　）。

A. POS　　　　　　　　　　　B. OPR/ALARM

C. MENU/OFFSET　　　　　　D. AUX/GRAPH

149. SIEMENS 802D 数控系统中，下面循环功能中（　　）为切槽循环。

A. CLCYC83　　B. CLCYC95　　C. CLCYC93　　　D. CLCYC73

150. 数控机床 Z 坐标轴是这样规定的（　　）。

A. *Z* 坐标轴平行于主要主轴轴线

B. 一般是水平的，并与工件装夹面平行

C. 按右手笛卡儿坐标系，任何坐标系可以定义为 *Z*

D. *Z* 轴的负方向是远离工件的方向

151. 对坐标计算中关于"基点"、"节点"的概念下面哪种说法是错误的（　　）。

A. 各相邻几何元素的交点或切点称为基点

B. 各相邻几何元素的交点或切点称为节点

C. 逼近线段的交点称为节点

D. 节点和基点是两个不同的概念

152. 世界上第一台数控机床是（　　）年研制出来的。

A. 1945　　　　　B. 1948　　　　　C. 1952　　　　　D.1958

153. 下列特点中，不属于数控机床特点的是（　　）。

A. 加工精度高　　B. 生产效率高　　C. 劳动强度低　　D. 经济效益差

154. 按照机床运动的控制轨迹分类，加工中心属于（　　）。

A. 点位控制　　　B. 直线控制　　　C. 轮廓控制　　　D. 远程控制

155. 计算机数控用以下（　　）代号表示。

A. CAD　　　　　B. CAM　　　　　C. ATC　　　　　D. CNC

156. 在"机床锁定"（FEED HOLD）方式下，进行自动运行，（　　）功能被锁定。

A. 进给　　　　　B. 刀架转位　　　C. 主轴　　　　　D. 冷却

157. 以下数控系统中，我国自行研制开发的系统是（　　）。

A. 法那科　　　　B. 西门子　　　　C. 三菱　　　　　D. 广州数控

158. 用于反映数控加工中使用的辅具、刀具规格、切削用量参数、切削液、加工工步等内容的工艺文件是（　　）。

A. 编程任务书　　　　　　　　　　　B. 数控加工工序卡片

C. 数控加工刀具调整单　　　　　　　D. 数控机床调整单

159. 数控机床坐标系各坐标轴确定的顺序依次为（　　）。

A. *X*/*Y*/*Z*　　　B. *X*/*Z*/*Y*　　　C. *Z*/*X*/*Y*　　　D. *Z*/*Y*/*X*

160. 数控编程时，应首先设定（　　）。

A. 机床原点　　　B. 机床参考点　　C. 机床坐标系　　D. 工件坐标系

161. 对于大多数数控机床，开机第一步总是先使机床返回参考点，其目的是为了建立（　　）。

A. 工件坐标系　　B. 机床坐标系　　C. 编程坐标系　　D. 工件基准

162. 数控机床编程与操作的坐标中，（　　）对坐标系的描述是错误的。

A. 机床坐标系　　B. 编程坐标系　　C. 参考坐标系　　D. 极坐标系

163. 数控机床的 *C* 轴是指绕（　　）轴旋转的坐标。

A. *X*　　　　　　B. *Y*　　　　　　C. *Z*　　　　　　D. 不固定

164. 下列代码指令中，在程序里可以省略、次序颠倒的代码指令是（　　）。

A. O   B. G   C. N   D. M

165. 在很多数控系统中，（   ）在手工输入过程中能自动生成，无需操作者手动输入。

     A. 程序段号   B. 程序号   C. G 代码   D. M 代码

166. 当用 EIA 标准代码时，结束符为（   ）。

     A. "CR"   B. "LF"   C. "；"   D. "＊"

167. 下列 FANUC 程序号中，表达错误的程序号是（   ）。

     A. 066   B. 0666   C. 06666   D. 066666

168. 以下指令中，（   ）是辅助功能指令。

     A. M03   B. G90   C. Y30.0   D. $600

169. 数字单位以脉冲当量作为最小输入单位时，指令 "G01 U100；" 表示移动距离为（   ）mm。

     A. 100   B. 10   C. 0.1   D. 0.001

170. 滚珠丝杠副采用双螺母差调隙方式时，如果最小调整量为 0.0025mm，齿数 $Z1$—61，$Z2$—60，则滚珠丝杠的导程为（   ）。

     A. 4mm   B. 6mm   C. 9mm   D. 12mm

171. "ASD123" 只能作为以下（   ）系统的程序名。

     A. 法那科   B. 西门子   C. 三菱   D. 广州数控

172. 以下代码中，作为 FANUC 系统子程序结束的代码是（   ）。

     A. M30   B. M02   C. M17   D. M99

173. 在程序执行过程中，程序结束后返回主程序开头的代码是（   ）。

     A. M30   B. M02   C. M17   D. M99

174. 下列 FANUC 系统指令中，用于表示转速单位为 "r/min" 的 G 指令是（   ）。

     A. G96   B. G97   C. G98   D. G99

175. 已知工件直径为 D，转速为 1000r/min，则其切削线速度为（   ）m/min。

     A. πD B. $2\pi D$ C. $1000\pi D$ D. $\pi D/1000$

176. 下列代码中，不属于模态代码的是（   ）。

     A. M03   B. M04   C. M05   D. M06

177. 在数控车床的以下代码中，属于开机默认代码的是（   ）。

     A. G17   B. G18   C. G19   D. G20

178. 下列代码中，不同组的代码是（   ）。

     A. G01   B. G02   C. G03   D. G04

179. 在 CNC 系统的以下各项误差中，（   ）是不可以用软件进行误差补偿，提高定位精度的。

     A. 由摩擦力变动引起的误差   B. 螺距累积误差

     C. 机械传动间隙   D. 机械传动元件的制造误差

180. SIEMENS 系统中选择公制、增量尺寸进行编程，使用的 G 代码指令为（   ）。

A．G70　G90　　B．G71　G90　　C．G70　G91　　D．G71　G91

181．当以脉冲当量作为编程单位时，执行指令"G01 U1000;"刀具移动（　　）mm。

　　A．1　　　　　　B．1000　　　　　C．0.001　　　　D．0.1

182．平面选择指令 G19 表示选择（　　）平面。

　　A．*XY*　　　　　B．*ZX*　　　　　C．*YZ*　　　　　D．*XZ*

183．两相临节点的几何元素有（　　）个。

　　A．1　　　　　　B．2　　　　　　C．3　　　　　　D．无数

184．考虑到工艺系统及计算误差的影响，非圆曲线允许的拟合误差一般取零件公差的（　　）倍较为合适。

　　A．1　　　　　　B．1/3～1/2　　　C．1/10～1/5　　　D．小于 1/10

185．下列指令中无需用户指定速度的指令是（　　）。

　　A．G00　　　　　B．G01　　　　　C．G02　　　　　D．G03

186．下列轨迹中，（　　）轨迹肯定不是 G00 行程轨迹。

　　A．直线　　　　　B．圆弧　　　　　C．斜直线　　　　D．折线

187．当执行完程序段"G00 X20.0 Z30.0；G01 U10.0 W20.0 F100；X–40.0 W–70.0；"后，刀具所到达的工件坐标系的位置为（　　）。

　　A．X–40.0 Z–70.0　　　　　　　B．X–10.0 Z–20.0

　　C．X–10.0 Z–70.0　　　　　　　D．X–40.0 Z–20.0

188．如图所示圆弧，对圆弧顺逆及 I 值正负判断正确的是（　　）。

　　A．G02＋K　　　B．G02–K　　　C．G03＋K　　　D．G03–K

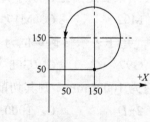

189．如图所示圆弧，以下正确的圆弧指令是（　　）。

　　A．G02 X50.0 Z150.0 R100.0;

　　B．G02 X50.0 Z150.0 R–100.0;

　　C．G03 X50.0 Z150.0 R100.0;

　　D．G03 X50.0 Z150.0 R–100.0

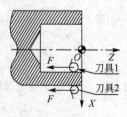

190．数控车床回转刀架转位后的精度，主要影响加工零件的（　　）。

A．形状精度   B．粗糙度   C．尺寸精度   D．圆柱度

191．车削外圆时，当车刀刀尖高于主轴回转中心线是，不考虑其他因素的影响，车刀的工作前角（   ）。

A．变小   B．不变   C．变大   D．不正确

192．最大实体要求仅用于（   ）。

A．中心要素   B．轮廓要素   C．基准要素   D．被测要素

193．圆弧编程中的 I、K 值是指（   ）的矢量值。

A．起点到圆心 B．终点到圆心 C．圆心到起点 D．圆心到终点

194．FANUC 系统中，指令"G04 X 10.0；"表示刀具（   ）。

A．增量移动 10.0mm   B．到达绝对坐标点 X 10.0 处

C．暂停 10s   D．暂停 0.01s

195．FANUC 系统返回 Z 向参考点指令"G28 W0；"中的"W0"是指（   ）。

A．Z 向参考点   B．工件坐标系 Z0 点

C．Z 向中间点与刀具当前点重合 D．Z 向机床原点

196．SIEMENS 系统中，返回参考点的指令为（   ）。

A．G28   B．G29   C．G74   D．G75

197．下列指令中，不会使机床产生任何运动，但会使机床屏幕显示的工件坐标系值发生变化的指令是（   ）。

A．G00 X__ Y__ Z__；   B．G01 X__Y__Z__；

C．G03 X__   Y__ Z__；   D．G92 X__Y__ ___Z；

198．用指令（   ）设定的工件坐标系，不具有记忆功能，当机床关机后，设定的坐标系即消失。

A．G54   B．G55   C．G58   D．G92

199．下列关于 G54 与 G92 指令，叙述不正确的是（   ）。

A．G92 通过程序来设定工作坐标系

B．G54 通过 MDI 设定工作坐标系

C．G92 设定的工件坐标与刀具当前位置无关

D．G54 设定的工件坐标与刀具当前位置无关

200．在以（   ）设定的坐标系中，必须将对刀点作为刀具相对于工件的运动。

A．G52   B．G53   C．G54   D．G92

201．以下功能指令中，与 M00 指令功能相类似的指令是（   ）。

A．M01   B．M02   C．M03   D．M04

202．在 FANUC 系统的刀具补偿模式下，一般不允许存在连续（   ）段以上的非补偿平面内移动指令。

A．1   B．2   C．3   D．4

203．在 SIEMENS 系统中，半径补偿模式下用于设置圆弧过渡拐角特性的指令是（   ）。

A．G450　　　　B．G451　　　　C．G37　　　　D．G39

204．FANUC 指令"G90 X(U) __Z(w) __R__F__；"中的 R 值是指所切削圆锥面 X 方向的（　　　）。

　　A．起点坐标–终点坐标　　　　　　B．终点坐标–起点坐标

　　C．（起点坐标–终点坐标）/2　　　D．(终点坐标–起点坐标)/2

205．FANUC 车床数控系统中的 G94 指令是指（　　　）指令。

　　A．每分钟进给量　　　　　　　　　B．每转进给量

　　C．单一外圆切削循环　　　　　　　D．单一端面切削循环

206．指令"G71 u(Δd)R(Δe)G71 P (ns)Q(nf)u(Δu)w(Δw)F__S__T__；"中的"Δd"表示（　　　）。

　　A．X 向每次进刀量，半径量　　　　B．X 向每次进刀量，直径量

　　C．X 向精加工余量，半径量　　　　D．X 向精加工余量，直径量

207．指令"G71 u(Δd)R(Δe)G71 P (ns)Q(nf)u(Δu)w(Δw)F__S__T__；"中的"Δu"表示（　　　）。

　　A．X 向每次进刀量，半径量　　　　B．X 向每次进刀量，直径量

　　C．X 向精加工余量，半径量　　　　D．X 向精加工余量，直径量

208．在 FANUC 系列的 G72 循环中，顺序号"ns"程序段必须（　　　）。

　　A．沿 X 向进刀，且不能出现 Z 坐标　B．沿 Z 向进刀，且不能出现 X 坐标

　　C．同时沿 X 向和 Z 向进刀　　　　D．无特殊的要求

209．对于 G71 指令中的精加工余量，当使用硬质合金刀具加工 45 钢材料内孔时，通常取（　　　）mm 较为合适。

　　A．0.5　　　　B．–0.5　　　　C．0.05　　　　D．–0.05

210．FANUC 数控车复合固定循环指令中的"ns"～"nf"程序段出现（　　　）指令时，不会出现程序报警。

　　A．固定循环　　　　　　　　　　　B．回参考点

　　C．螺纹切削　　　　　　　　　　　D．90°～180°圆弧加工

211．为了高效切削铸造成型、粗车成型的工件，避免较多的空走刀，选用（　　　）指令作为粗加工循环指令较为合适。

　　A．G71　　　　B．G72　　　　C．G73　　　　D．G7

212．G73 指令中的 R 是指（　　　）。

　　A．X 向退刀量　B．Z 向退刀量　　　C．总退刀量　　　D．分层切削次数

213．下列指令中，可用于加工端面槽的指令是（　　　）。

　　A．G73　　　　B．G74　　　　C．G75　　　　D．G76

214．对于指令"G75 R(e)；G75 X（u）__Z(w)__P(Δi)Q(Δk)R(Δd)F__；"中的"R(e)"，下列描述不正确的是（　　　）。

　　A．退刀量　　　B．半径量　　　　C．模态值　　　　D．有正负值之分

215．对于指令"G75 R(e)；G75 X（u）__Z(w)__P(Δi)Q(Δk)R(Δd)F__；"中的"p(i)"，

下列描述不正确的是（　　）。

    A．每次切深量　B．直径量　　　　C．始终为正值　　　　D．不带小数点值

216．当指令"G74 R(e); G74 X(u)__Z(w)__P(Δi)Q(Δk)R(Δd)F__;"作为啄式钻孔指令时，下列参数中的（　　）值需为0。

    A．R(e)　　　　B．W__　　　　C．P(Δi)　　　　D．Q(Δk)

217．对于 FANUC 系统指令"G32 X(u)_Z(w)_F_Q_;"中的"Q"，下列描述不正确的是（　　）。

    A．螺纹起始角　　　　　　　　B．该值不带小数点

    C．单位为 0.001　　　　　　　D．模态值

218．用 FANUC 系统指令"G92 X(u)_Z(w)_F)_;"加工双头螺纹，则该指令中的"F_"是指（　　）。

    A．螺纹导程　　B．螺纹螺距　　C．每分钟进给量　　D．螺纹起始角

219．下列 FANUC 系统指令中可用于变螺距螺纹加工的指令是（　　）。

    A．G32　　　　B．G34　　　　C．G92　　　　D．G76

220．下列材料的零件中，（　　）材料的零件不能用电火花机床加工。

    A．钢　　　　B．铝　　　　C．铜　　　　D．塑料

221．在执行指令"G76 P030130 Q（Δd）R（d）;"过程中，在螺纹切削退尾处(45°)的 Z 向退刀距离为（　　）倍导程。

    A．0.1　　　　B．0.3　　　　C．1　　　　D．3

222．指令"G76 X(u)__Z(w)__R(i)P(k)Q(Δd)F___;"中的"P(k)"用于表示（　　）。

    A．螺纹半径差　　　　　　　　B．牙型编程高度

    C．螺纹第一刀切削深度　　　　D．精加工余量

223．FANUC 0T 系统中指令"M98 P50012"表示（　　）。

    A．调用子程序 05001 两次　　　B．调用子程序 012 五次

    C．调用子程序 050012 一次　　　D．子程序调用错误格式

224．在增量式光电码盘测量系统中，使光栅板的两个夹缝距离比刻线盘两个夹缝之间的距离小于 1/4 节距，使两个光敏元件的输出信号相差 1/2 相位，目的是（　　）。

    A．测量被检工作轴的回转角度　　B．测量被检工作轴的转速

    C．测量被检工作轴的旋转方向　　D．提高码盘的测量精度

225．如果主程序用指令"M98PX×L5"，而子程序采用 M99L2 返回，则子程序重复执行的次数为（　　）次。

    A．1　　　　B．2　　　　C．5　　　　D．3

226．下列变量中，属于局部变量的是（　　）。

    A．#10　　　　B．#100　　　　C．#500　　　　D．#1000

227．执行指令"G65 H03 P#100 Q20 R5;"后，#100 的值等于（　　）。

    A．100　　　　B．25　　　　C．15　　　　D．4

228．下列用于数控机床检测的反馈装置中（　　）用于速度反馈。

A．光栅　　　　　B．脉冲编码器　　C．磁尺　　　　　　D．感应同步器

229．下列字母中，能作为引数替变量赋值的字母是（　　　）。

    A．M　　　　　　B．N　　　　　　　C．O　　　　　　　D．P

230．指令"G65 H85 P1000 Q#101 R#102;"表示，当#201（　　　）#202时，跳转到 N1000 程序段。

    A．＞　　　　　　B．＜　　　　　　C．≥　　　　　　　D．≤

231．指令"G65 H33 P#101 Q#l0l R#102;"表示#100—#101 X（　　　）(#102)。

    A．SIN　　　　　B．COS　　　　　C．TAN　　　　　D．COT

232．在数控机床的闭环控制系统中，其检测环节具有两个作用，一个是检测出被测信号的大小，另一个作用是把被测信号转换成可与（　　　）进行比较的物理量，从而构成反馈通道。

    A．指令信号　　B．反馈信号　　　C．偏差信号　　　D．脉冲信号

233．通过指令"G65 P0030 A50.0 E40.0 J100.0 K0 J20.0;"引数赋值后，变量#8—（　　　）。

    A．40.0　　　　　B．100.0　　　　C．0　　　　　　D．20.0

234．指令"#1—#2＋#3*SIN[#4];"中最先进行运算的是（　　　）运算。

    A．等于号赋值　　　　　　　　　B．加和减运算

    C．乘和除运算　　　　　　　　　D．正弦函数

235．B 类宏程序指令"IF[#1GE#100]GOTO 1000;"的"GE"表示（　　　）。

    A．＞　　　　　　B．＜　　　　　　C．≥　　　　　　　D．≤

236．B 类宏程序用于开平方根的字符是（　　　）。

    A．ROUND　　　B．SQRT　　　　C．ABS　　　　　D．FIX

237．下列指令中，属于宏程序模态调用的指令是（　　　）。

    A．G65　　　　　B．G66　　　　　C．G68　　　　　D．G69

238．下列宏程序语句中，表达正确的是（　　　）。

    A．G65 H05 P#100 Q#102 R0　　B．G65 H34 P#101 Q#103 R10.0

    C．G65 H84 P#110 Q#120　　　　D．G65 H03 P#109 Q#109 R#110

239．机床脉冲当量是（　　　）。

    A．相对于每一脉冲信号，传动丝杠所转过的角度

    B．相对于每一脉冲信号，步进电机所回转的角度

    C．脉冲当量乘以进给传动机构的传动比就是机床部件的位移量

    D.对于每一脉冲信号，机床运动部件的位移量

240．FANUC-0 系统中，在程序编辑状态输入"0～9999"后按下"DELETE"键，则（　　　）。

    A．删除当前显示的程序　　　　　B．不能删除程序

    C．删除存储器中所有程序　　　　D．出现报警信息

241．在编辑模式下，光标处于 N10 程序段，键入地址 N200 后按下"DELETE"键，

则将删除（　　　）程序段。

  A．N10   B．N200   C．N10～N200 D．N200 之后

242．机床操作面板上用于程序字更改的键是（　　　）

  A．"ALTER" B．"INSRT" C．"DELET"   D．"EOB"

243．操作不当和电磁干扰引起的故障属于（　　　）。

  A．机械故障 B．强电故障 C．硬件故障   D．软件故障

244．机床没有返回参考点，如果按下快速进给，通常会出现（　　　）情况。

  A．不进给 B．快速进给 C．手动连续进给 D．机床报警

245．FANUC-0 系列加工中心，当按下 BDT 开关时，机床执行程序过程中会出现（　　　）的情况。

  A．程序暂停   B．程序斜杠跳跃

  C．机床空运行   D．机床锁住

246．下列按钮或软键中，与按钮"SINGLE BLOCK"可进行复选后有效的开关或按钮是（　　　）。

  A．AUTO B．EDIT C．JOG   D．HANDLE

247．在增量进给方式下向 X 轴正向移动 0.1mm，增量步长选"×10"，则要按下"+X"方向移动按钮（　　　）次。

  A．1   B．10   C．100   D．1000

248．SIEMENS 802D 车床数控系统过中间点的圆弧插补指令是（　　　）。

  A．G02/G03 B．G05 C．CIP   D．CT

249．SIEMENS 802D 车床数控系统指令"G02/G03 X　Z　AR=;"中的"AR= "用于表示（　　　）。

  A．圆弧半径   B．圆弧半径增量

  C．圆弧直径   D．圆弧张角

250．切线过渡圆弧指令"G01 X40 Z10；CT X36 Z34；"中的"X36 Z34"用于表示（　　　）。

  A．圆弧终点 B．圆弧起点 C．圆心点   D．圆弧切点

251．SIEMENS 802D 车床数控系统毛坯切削循环 CYCLE95 中的参数"NPP"表示（　　　）。

  A．轮廓子程序名称   B．最大粗加工背吃刀量

  C．断屑停顿时间   D．沿轮廓方向的精加工余量

252．毛坯切削循环 CYCLE95 中，用于表示轮廓方向精加工余量的参数是（　　　）。

  A．NPP B．MID C．FAL   D．DAM

253．毛坯切削循环 CYCLE95 中，用于表示综合加工方式的参数 VARI 的值为（　　　）。

  A．1～4 B．5～8 C．9～12   D．以上均不正确

254．对于毛坯切削循环 CYCLE95 轮廓定义的要求，下列叙述不正确的是（　　　）。

  A．轮廓中由直线和圆弧指令组成，可以使用圆角和倒角指令

B．定义轮廓的第一个程序段必须含有 G01、G02、G03 或 G00 指令中的一行

C．轮廓必须含有三个具有两个进给轴的加工平面内的运动程序段

D．轮廓子程序中可以含有刀尖圆弧半径补偿指令

255．下列指令中，一般不作为 SIEMENS 系统子程序的结束标记是（　　　）。

    A．M99　　　　　　　B．M17　　　　　C．M02　　D．RET

256．SIEMENS 802D 系统毛坯切削循环，总切深量为18mm（单边），每次切深参数 MID=5，精加工余量为0.5（单边），则粗加工实际切削时每次切深量为（　　　）mm。

    A．4.375　　　　　　B．4.5　　　　　C．5

D．前三次为5mm，最后一次为2.5mm

257．当切槽刀从靠近尾座侧方向起刀加工外圆槽时，这种切称为（　　　）。

    A．左侧起刀纵向外部加工　　　　　　B．右侧起刀纵向外部加工

    C．左侧起刀横向外部加工　　　　　　D．右侧起刀横向外部加工

258．SIEMENS 802D 系统的切槽循环指令 CYCLE93 中，用于设定刀具宽度的参数为（　　　）。

    A．WIDG　　　　　B．DIAG　　　　C．IDEP　　　　D．没有定义

259．使用 SIEMENS 802D 系统螺纹加工循环指令 CYCLE97 加工 M30×2 的外螺纹，则指令中用于表示螺距的参数为（　　　）。

    A．PIT　　　　　　B．MPIT　　　　C．SPL　　　　D．FPL

260．下列 SIEMENS 802D 系统指令中，用于加工减螺距螺纹的加工指令为（　　　）。

    A．G33　　　　　　B．G34　　　　　C．G35　　　　D．G36

261．螺纹加工指令 CYCLE97 中，采用恒定切除截面积进给加工内螺纹的 VARI 值为（　　　）。

    A．1　　　　　　　B．2　　　　　　C．3　　　　　D．4

262．下列装置中，不属于数控系统的装置是（　　　）。

    A．自动换刀装置　　B．输入/输出装置　　C．数控装置　　D．伺服驱动

263．SIEMENS 系统的调用子程序指令"L0005 P2；"表示（　　　）。

    A．调用子程序 02 五次　　　　　　　B．调用子程序 L5 两次

    C．调用子程序 L0005 两次　　　　　　D．调用子程序 P2 五次

264．下列 R 参数中，（　　　）属于加工循环传递参数。

    A．R0　　　　　　　B．R99　　　　　C．R100　　　D．R299

265．滚珠丝杠预紧的目的是（　　　）。

    A．增加阻尼比，提高抗振性　　　　　B．提高运动平稳性

    C．消除轴向间隙和提高传动刚度　　　D．加大摩擦力，使系统能自锁

266．R 参数编程中的程序书写形式，其中书写有错的是（　　　）。

    A．X＝－R10　　　　　　　　　　　　B．R1＝R1＋R2

    C．SIN(－R30－R31)　　　　　　　　　D．IF(R10>O)GOTOB MA1

267．条件跳转指令"IF R1 GOTOF MA1；"，不能进行条件跳转的 R1 值等于（　　　）。

A. 0   B. 10   C. 100   D.1000

268. 交、直流伺服电动机和普通交、直流电动机的（   ）。

A. 工作原理及结构完全相同   B. 工作原理相同，但结构不同

C. 工作原理不同，但结构相同   D. 工作原理及结构完全不同

269. 若 R1—100，R2=R1＋R1，R1—R2，则 R1 最后为（   ）。

A. 100   B. 200   C. 300   D. 400

270. 下列数控车床的加工顺序安排原则，（   ）是错误的加工顺序安排原则。

A. 基准先行   B. 先精后粗   C. 先主后次   D. 先近后远

271. 在 SIEMENS 系统中，执行手动数据输入的模式选择按钮是（   ）。

A. MDI   B. MDA   C. VAR   D. JOG

272. 数控机床的精度指标包括测量精度、（   ）、机床几何精度、定位稳定性、加工精度和轮廓跟随精度等。

A. 表面精度   B. 尺寸精度   C. 定位精度   D. 安装精度

273. 在 SIEMENS 系统中的下列模式选择按钮中，用于程序编辑操作的按钮是（   ）。

A. EDIT   B. MDA   C. VAR   D. JOG

274. 如果要在自动运行过程中用进给倍率开关对 G00 速度进行控制，则要在"程序控制"中将（   ）项打开。

A. SKP   B. ROV   C. DRY   D. M01

275. 在程序的控制功能下的各软键中，用于激活"程序段跳转"的是（   ）。

A. SKP   B. ROV   C. DRY   D. M01

276. 如果将增量步长设为"10"，要使主轴移动 20mm，则手摇脉冲发生器要转过（   ）圈。

A. 0.2   B. 2   C. 20   D. 200

277. 下列自动软件中，我国自行研制开发的软件是（   ）。

A. CAXA   B. Master cam   C. CIMATRON   D. SOLID WORKS

278. 下列代号中，（   ）是计算机辅助制造的代号。

A. CAD   B. CAM   C. FMS   D. CAPP

279. 通过点击 Master cam 中的（   ）功能菜单，可进行定义毛坯的设定。

A. [刀具路径]/[工作设定]   B. [刀具路径]/[操作管理]

C. [刀具路径]/[起始设定]   D. [公共管理]/[定义材料]

280. 要进行自动编程的后置处理，点击（   ）菜单可进入后置处理界面。

A. [刀具路径]/[工作设定]   B. [刀具路径]/[操作管理]

C. [刀具路径]/[起始设定]   D. [公共管理]/[定义材料]

281. Master cam 中平面图形的旋转功能是主功能菜单（   ）的子菜单。

A. [绘图]   B. [档案]   C. [修整]   D. [转换]

282. 实体扫描造型中需要提供的几何条件（   ）。

A. 扫描截面、扫描路径　　　　　　　B. 扫描截面、扫描方向

C. 起始截面、终止截面　　　　　　　D. 旋转截面、旋转轴

283. FANUC 0i 车铣中心用于启用极坐标的指令是（　　）。

A.G15　　　　　B. G16　　　　　C. G112　　　　　D. G113

284. FANUC 0i 车铣中心启用极坐标后，G17 平面对第二轴叙述不正确的是（　　）。

A. 虚拟轴　　　　　　　　　　　B. 用地址"Y"表示

C. 用半径值表示　　　　　　　　D. 坐标单位为 mm

285. FANUC 0i 车铣中心指令"G107 C50.0"中的"C50"表示（　　）。

A. 圆柱体半径为 50mm　　　　　B. 圆柱体直径为 50mm

C. 回转角度为 50°　　　　　　　D. 直角倒角量为 50mm

286. 对于 FANUC 0i 车铣中心圆柱插补指令，下列叙述不正确的是（　　）。

A. 圆柱插补内不能指定坐标设定指令

B. 圆柱插补内不能指定快速移动指令

C. 圆柱插补内不能指定孔加工固定循环

D. 圆柱插补内不能指定刀具半径补偿

287. 下列指令中，常作为 FANUC 0i 车铣中心指定动力头正转并使切削液开的指令是（　　）。

A. M53　　　　　B. M54　　　　　C. M55　　　　　D. M56

288. 下列 SIEMENS 数控系统中，采用步进电动机进行伺服驱动的数控系统是（　　）。

A. 802C　　　　　B. 802D　　　　　C. 802S　　　　　D. 810D

289. 下列动作中，（　　）不是四方刀架换刀过程中的动作。

A. 刀架抬起　　　B. 刀架转位　　　C. 机械手换刀　　D. 刀架压紧

290. 为了加工螺纹，数控车床必须安装的部件是（　　）。

A. 变频器　　　　B. 步进电动机　　C. 脉冲编码器　　D. 光栅尺

291. 闭环进给伺服系统与半闭环进给伺服系统主要区别在于（　　）。

A. 位置控制器　　B. 检测单元　　　C. 伺服单元　　　D. 控制对象

292. 感应同步器可以检测机床运动部件的（　　）。

A. 直线位移　　　B. 角位移　　　　C. 相位　　　　　D. 幅值

293. 欲加工第一象限的斜线（起始点在坐标原点），用逐点比较法直线插补，若偏差函数大于零，说明加工点在（　　）。

A. 坐标原点　　　B. 斜线上方　　　C. 斜线下方　　　D. 斜线上

294. 数控机床后备电池的更换一般在（　　）情况下进行。

A. 开机　　　　　B. 关机　　　　　C. 无所谓　　　　D. 无需更换

295. 数控系统中将数字信号转化为电信号的部分位于（　　）。

A. 输入输出装置　B. 数控装置　　　C. 伺服系统　　　D. 电器开关

296. 对长期不使用的数控机床保持经常性通电是为了（　　）。

A. 保持电路的通畅　　　　　　　　B. 避免各元器件生锈

C. 检查电子元器件是否有故障　　　D. 驱走数控装置内的潮气

297. 以下（　　）不是造成数控系统不能接通电源的原因。

A. RS232 接口损坏　　　　　　　　B. 交流电源无输入或熔断丝烧毁

C. 直流电压电路负载短路　　　　　D. 电源输入单元烧损或开关接触不良

298. 目前数控机床的加工精度和速度主要取决于（　　）。

A. CPU　　　　B. 机床导轨　　　　C. 检测元件　　　　D. 伺服系统

299. 数控车床回转刀架转位后的精度，主要影响加工零件的（　　）。

A. 形状精度　　B. 粗糙度　　　　C. 尺寸精度　　　D. 圆柱度

300. 在数控程序传输参数中，"9600、E、7、1"分别代表（　　）。

A. 波特率、数据位、停止位、奇偶校验

B. 数据位、停止位、波特率、奇偶校验

C. 波特率、奇偶校验、数据位、停止位

D. 数据位、奇偶校验、波特率、停止位

301. 数控车床的刀架分为（　　）两大类。

A. 排式刀架和刀库式自动换刀装置　B. 直线式刀库和转塔式刀架

C. 排式刀架和直线式刀库　　　　　D. 排式刀架和转塔式刀架

302. 工作台定位精度测量时应使用（　　）。

A. 激光干涉仪　B. 百分表　　　　C. 千分尺　　　D. 游标卡尺

303. 码盘在数控机床中的作用是（　　）。

A. 测温　　　　B. 测压　　　　　C. 测流量　　　D. 测速度

304. 三相六拍，即 A–AB～B—BC—C—CA—A 是（　　）的通电规律。

A. 直流伺服电机　　　　　　　　　B. 交流伺服电机

C. 变频电机　　　　　　　　　　　D. 步进电机

305. 数控机床进给系统减少摩擦阻力和动静摩擦之差，是为了提高数控机床进给系统的（　　）。

A. 传动精度　　　　　　　　　　　B. 运动精度和刚度

C. 快速响应性能和运动精度　　　　D. 传动精度和刚度

306. 交流伺服电机正在旋转时，如果控制信号消失，则电机将会（　　）。

A. 立即停止转动　　　　　　　　　B. 以原转速继续转动

C. 转速逐渐加大　　　　　　　　　D. 转速逐渐减小

307. HNC-21T 数控系统接口中的 XS40～43 是（　　）。

A. 电源接口　　B. 开关量接口　　C. 网络接口　　D. 串行接口

308. 数控机床进给传动系统中不能用链传动是因为（　　）。

A. 平均传动比不准确　　　　　　　B. 瞬时传动比是变化的

C. 噪声大　　　　　　　　　　　　D. 运动有冲击

309. 光栅尺是（　　）。

A．一种极为准确的直接测量位移的工具

B．一种数控系统的功能模块

C．一种能够间接检测直线位移或角位移的伺服系统反馈元件

D．一种能够间接检测直线位移的伺服系统反馈元件

310．加工精度高、（　　　）、自动化程度高、劳动强度低、生产效率高等是数控机床加工的特点。

A．加工轮廓简单、生产批量又特别大的零件

B．加工对象的适应性强

C．装夹困难或必须依靠人工找正、定位才能保证其加工精度的单件零件

D．适于加工余量特别大、材质及余量都不均匀的坯件

二、是非题(正确的填"T"，不正确的填"F")

1．通常车间生产过程仅仅包含以下四个组成部分：基本生产过程、辅助生产过程、生产技术准备过程、生产服务过程。（　　　）

2．圆弧插补用半径编程时，当圆弧所对应的圆心角大于180°时半径取负值。（　　　）

3．当数控加工程序编制完成后即可进行正式加工。（　　　）

4．数控机床是在普通机床的基础上将普通电气装置更换成CNC控制装置。（　　　）

5．直齿圆柱齿轮传动中，当两个齿轮的模数都相等时，这两个齿轮即可正确啮合。（　　　）

6．插补运动的实际插补轨迹始终不可能与理想轨迹完全相同。（　　　）

7．数控机床编程有绝对值和增量值编程，使用时不能将它们放在同一程序段中。（　　　）

8．用数显技术改造后的机床就是数控机床。（　　　）

9．G代码可以分为模态G代码和非模态G代码。（　　　）

10．G100、G01指令都能使机床坐标轴准确到位，因此它们都是插补指令。（　　　）

11．带传动的特点是传动平稳，能缓冲和吸振，过载时有打滑现象，传动比不准。（　　　）

12．V带的截面形状是三角形，两侧面是工作面，其交角等于40°。（　　　）

13．V带表面上印有"B2240"，它表示该V带是B型，标准长度为2240mm。（　　　）

14．圆弧插补中，对于整圆，其起点和终点相重合，用R编程无法定义，所以只能用圆心坐标编程。（　　　）

15．通过简单调整后可用来加工同类型尺寸相近或加工工艺相似的工件，这种夹具称为组合夹具。（　　　）

16．顺时针圆弧插补（G02）和逆时针圆弧插补（G03）的判别方向是：沿着不在圆弧平面内的坐标轴正方向向负方向看去,顺时针方向为G02,逆时针方向为G03。（　　　）

17．顺时针圆弧插补（G02）和逆时针圆弧插补（G03）的判别方向是：沿着不在圆弧平面内的坐标轴负方向向正方向看去,顺时针方向为G02,逆时针方向为G03。（　　　）

18．钢和铸铁的主要区别是钢的含碳量较低。（　　　）

19．直线控制的特点只允许在机床的各个自然坐标轴上移动，在运动过程中进行加工。（　　　）

20．数控车床的特点是 Z 轴进给 1mm，零件的直径减小 2mm。（　　　）

21．伺服系统的执行机构常采用直流或交流伺服电动机。（　　　）

22．硬度较高的零件（高于 300HBS）在切削加工之前应进行回火处理以降低硬度，改善切削加工性能。（　　　）

23．低碳钢工件经过表面渗氮处理后，硬度可以达到 58～64HRC。（　　　）

24．布氏硬度的符号用"HRC"表示。（　　　）

25．通常所说的黄铜是一种铜与锌的合金材料。（　　　）

26．钢件发蓝处理的主要目的是为了防腐蚀。（　　　）

27．刀具材料在室温下的硬度应高于 60HRC。（　　　）

28．钻孔时的背吃刀量等于钻头的直径。（　　　）

29．由于高速钢的耐热性较差，因此不能用于高速切削。（　　　）

30．铰孔可以纠正孔的位置精度。（　　　）

31．车内锥时，刀尖高于工件轴线，车出的锥面用锥形塞规检验时，会显示两端显示剂被擦去的现象。（　　　）

32．数控车床的运动量是由数控系统内的可编程控制器 PLC 控制的。（　　　）

33．齿形链常用于高速或平稳性与运动精度要求较高的传动中。（　　　）

34．需渗碳淬硬的主轴，上面的螺纹因淬硬后无法车削，因此要车好螺纹后，再进行淬火。（　　　）

35．全闭环数控机床的定位精度主要取决于检测装置的精度。（　　　）

36．数控系统的参数是依靠电池维持的，一旦电池电压出现报警，就必须立即关机，更换电池。（　　　）

37．精加工时，进给量是按表面粗糙度的要求选择的，表面粗糙度要求较高时，应选择较小的进给量。（　　　）

38．在四爪单动卡盘上装夹工件，卡盘夹紧力大，而且比三爪卡盘容易找正。（　　　）

39．车螺纹时，螺距精度的超差，与车床丝杠的轴向窜动有关。（　　　）

40．在精加工时要设法避免积屑瘤的产生，但积屑瘤对粗加工有一定的好处。（　　　）

41．钻孔直径≤5mm 时，钻头应选较高的切削速度，较高的转速。（　　　）

42．机床参考点是数控机床上固有的机械原点，该点到机床坐标原点在进给坐标轴方向上的距离可以在机床出厂时设定。（　　　）

43．机床有硬限位和软限位，但机床软限位在第一次手动返回参考点前是无效的。（　　　）

44．使用返回参考点指令 G27 或 G28 时，应取消刀具补偿功能，否则机床无法返回参考点。（　　　）

45．具有独立的定位作用且能限制工件的自由度的支承称为辅助支承。（　　　）

46．脉冲编码器是能把机械转角变成脉冲的一种传感器。（　　　）

47．互换性的优越性是显而易见的，但不一定"完全互换"就优于"不完全互换"，甚至不遵循互换性也未必不好。（　　　）

48．精密丝杠的加工工艺中，要求锻造工件毛坯，目的是使材料晶粒细化、组织紧密、碳化物分布均匀，可提高材料的刚性。（　　　）

49．刀具前角越大，切屑越不易流出，切削力越大，而且刀具的强度越高。（　　　）

50．金属材料依次经过切离、挤裂、滑移(塑性变形)、挤压(弹性变形)四个阶段而形成了切屑。（　　　）

51．车削螺纹时，车刀的工作前角和工作后角发生改变是由于螺纹升角使切削平面和基准位置发生了变化。（　　　）

52．工件在夹具中与各定位元件接触，虽然没有夹紧尚可移动，但由于其已取得确定的位置，所以可以认为工件已定位。（　　　）

53．采用油脂润滑的主轴系统，润滑油脂用量要充足，这样有利于降低主轴的温升。（　　　）

54．切削加工中的振动会影响已加工表面的质量。其中，低频振动会产生粗糙度，高频振动会产生波动。（　　　）

55．由存储单元在加工前存放最大允许加工范围，而当加工到约定尺寸时数控系统能够自动停止，这种功能称为软行程限位。（　　　）

56．车床主轴编码器的作用是防止切削螺纹时乱扣。（　　　）

57．硬质合金是一种耐磨性好，耐热性高，抗弯强度和冲击韧性都较高的刀具材料。（　　　）

58．数控机床中 CCW 代表顺时针方向旋转，CW 代表逆时针方向旋转。（　　　）

59．量块通常可以直接用于测量零件的长度尺寸。（　　　）

60．一个完整尺寸包含的四要素为尺寸线、尺寸数字、尺寸公差和箭头。（　　　）

61．在平面直角坐标系中，圆的方程是$(x-30)^2+(y-25)^2=15^2$。则该圆的半径为15，圆心坐标是（30，25）。（　　　）

62．为了保障人身安全，在正常情况下，电气设备的安全电压规定为12V。（　　　）

63．碳素钢中，含碳量小于0.25为低碳钢，含碳量在0.25%～0.6%范围内为中碳钢，含碳量在0.6%～1.4%范围内为高碳钢。（　　　）

64．热处理调质工序一般安排在粗加工之后，半精加工之前进行。（　　　）

65．液压缸和液压马达的作用一样，都是液压系统的动力元件。（　　　）

66．调速阀是一个节流阀和一个减压阀串联而成的组合阀。（　　　）

67．陶瓷的主要成分是氧化铝，其硬度、耐热性和耐磨性均比硬质合金高。（　　　）

68．加工偏心工件时，应保证偏心的中心与机床主轴的回转中心重合。（　　　）

69．切断刀有2条主切削刃和1条副切削刃。（　　　）

70．车刀主偏角增加，刀具刀尖部分强度与散热条件变差。（　　　）

71．检验数控机床主轴轴线与尾座锥孔轴线等高情况时，通常允许尾座轴线稍高。（　　　）

72．主偏角是主切削刃在基面上的投影与进给方向之间的夹角。(　　　)

73．切削液的主要作用有冷却作用、润滑作用、清洗作用和防锈作用。(　　　)

74．车镁铝合金时，不能加切削液，只能用压缩空气冷却。(　　　)

75．目前，数控机床正朝高速度、高精度、高柔性和高智能化的方向发展。(　　　)

76．输入输出装置不属于数控系统的一部分。(　　　)

77．伺服系统是数控装置与机床本体间的电传动联系环节，也是数控系统的执行部分。(　　　)

78．就所加工工件的尺寸一致性而言，数控机床不及普通机床。(　　　)

79．数控机床伺服系统的作用是把来自数控装置的脉冲信号转换成机床移动部件的运动。(　　　)

80．点位控制的数控机床只要控制起点和终点位置，对加工过程中的轨迹没有严格要求。(　　　)

81．闭环系统的反馈装置是直接安装在移动部件(如工作台)之上。(　　　)

82．数控机床加工的加工精度比普通机床高，是因为数控机床的传动链较普通机床的传动链长。(　　　)

83．数控机床主轴轴承安装后，通过预紧可实现提高主轴部件的回转精度、刚度和抗振性的目的。(　　　)

84．实现无级调速的数控车床，在主轴运行过程中是绝对不允许改变主轴转速的。(　　　)

85．数控机床的滚珠丝杠具有传动效率高、精度高、无爬行的特点。(　　　)

86．滚珠丝杠副由于不能自锁，故在垂直安装时需添加制动装置。(　　　)

87．数控车床的换刀，需在机床主轴准停后进行。(　　　)

88．HNC-21T(华中数控系统)是我国自行研制开发的数控系统。(　　　)

89．数控机床的核心装置是数控装置。(　　　)

90．逐点比较法的四个工作节拍是偏差判别、进给控制、偏差计算、终点判别。(　　　)

91．开环伺服系统的精度要优于闭环伺服系统。(　　　)

92．数控铣床和数控车床都属于轮廓控制机床。(　　　)

93．数控装置发出的一个进给脉冲所对应的机床坐标轴的位移量，称为数控机床的最小移动单位，亦称脉冲当量。(　　　)

94．数控车床的精度检测内容主要包括几何精度、定位精度和切削精度的检测。(　　　)

95．划分加工阶段，有利于合理利用设备并提高生产率。(　　　)

96．所有零件的机械加工都有经过粗加工、半精加工、精加工和光整加工四个加工阶段。(　　　)

97．在车床上同时完成车端面与外孔表面的车削加工，这种工作称为两个工序。(　　　)

98．在一个安装工位中，加工表面、切削刀具和切削用量都不变的情况下所进行的

那部分加工称为工步。( )

99．数控加工中，采用加工路线最短的原则确定走刀路线既可以减少空刀时间，还可以减少程序段。( )

100．外螺纹的公称直径是指螺纹大径，内螺纹的公称直径是指螺纹的小径。( )

101．分多层切削加工螺纹时，应尽可能平均分配每层切削的背吃刀量。( )

102．数控车床外切槽加工时，采用径一轴向退刀方式(即先径向退刀，再轴向退刀)较为合适。( )

103．车刀按刀尖形状分为尖形车刀、圆弧形车刀和成型车刀三类。通常情况下，将螺纹车刀归纳为成型车刀。( )

104．数控车刀的刀尖安装得低于工件轴线时，会导致切削过程中切削力增加。( )

105．当车刀的刃倾角为负值时，切屑流向待加工表面，有利于保证产品表面质量。( )

106．在加工塑性材料时，切削速度的大小对表面粗糙度基本无影响。( )

107．减小进给量量有利于降低粗糙度值。但当减小到一定值时，由于塑性变形程度增加，粗糙度反而会有所上升。( )

108．组合夹具元件可以多次反复使用。( )

109．工件被夹紧后，其位置不能再动了，即所有的自由度都被限制了。( )

110．软爪在使用前可进行自镗加工，以保证卡爪中心与主轴中心重合。( )

111．数控车床刀具卡片分别详细记录了每一把数控刀具的刀具编号、刀具结构、组合件名称代号、刀片型号和材料等，它是组装刀具和调整刀具的依据。( )

112．在 FANUC 车床数控系统的同一程序段中，可以同时指定增量坐标和绝对坐标。( )

113．AUTOCAD 软件是一种较为常用的自动化编程软件。( )

114．手工编程比较适合批量较大、形状简单、计算方便、轮廓由直线或圆弧组成的零件的编程加工。( )

115．手工编程比计算机编程麻烦，但正确性比自动编程高。( )

116．编程坐标系是标准坐标系。( )

117．机床参考点一定就是机床原点。( )

118．在确定机床坐标系的方向时规定，永远假定工件相对于静止的刀具而运动。( )

119．SIEMENS 系统中，子程序 L10 和子程序 L010 是相同的程序。( )

120．FANUC 系统中，程序 O10 和程序 O0010 是相同的程序。( )

121．所有系统在同一机床中的程序号不能重复。( )

122．程序段的执行是按程序段数值的大小顺序来执行的，程序段号数值小的先执行，大的后执行。( )

123．当程序段作为"跳转"或"程序检索"的目标位置时，程序段号不可省略。( )

124．"X100.0；"是一个正确的程序段。( )

125．数控程序的单个程序字由地址符和数字组成，如"G50"等。（　　）

126．从 G00 到 G99 的 100 种 G 代码，每种代码都具有具体的含义。（　　）

127．当前我国使用的各种数控系统，只允许使用两位数的 G 代码。（　　）

128．准备功能字 G 代码主要用来控制机床主轴的开、停、切削液的开关和工件的夹紧与松开等机床准备动作。（　　）

129．M99 与 M30 指令的功能是一致的，它们都能使机床停止一切动作。（　　）

130．FANUC 系统程序"（　　）"中的内容仅表示程序注释，不能表示其他内容。（　　）

131．在 SIEMENS 系统中，指令"T1D1；"和指令"T2D1；"使用的刀具补偿值是同一刀补存储器中的补偿值。（　　）

132．在 FANUC 系统中，指令"T0101；"和指令"T0201；"使用的刀具补偿值是同一刀补存储器中的补偿值。（　　）

133．"G98G01…F1.5"表示刀具的进给速度是 1.5mm/min。（　　）

134．G01 G02 G03 G04 均为模态代码。（　　）

135．"G97 G98 G40 G21；"该指令中出现了多个 G 代码，因此该程序段不是一个规范正确的程序段。（　　）

136．所有的 F、S、T 代码均为模态代码。（　　）

137．数控系统中对每一组的代码指令，都选取其中的一个作为开机默认代码。（　　）

138．在 SIEMENS 系统数车床的编程中，分别用字符"u"、"v"、"w"来表示"X"、"Y"、"Z"方向的增量坐标。（　　）

139．在 SIEMENS 系统的同一程序段中，可以同时指定增量坐标和绝对坐标。（　　）

140．FANUC 车床数控系统使用 G91 指令来表示增量坐标，而用 G90 指令来表示绝对坐标。（　　）

141．当前大多数数控机床使用的脉冲当量为 0.1mm。（　　）

142．英制对旋转轴无效，旋转轴的单位总是度。（　　）

143．构成零件轮廓的直线、圆弧等几何元素的联结点称为基点。（　　）

144．执行 C01 指令的刀具轨迹肯定是一条连接起点和终点的直线轨迹。（　　）

145．虽然有很多 G01 指令后没有写 F 指令，但在 G01 程序段中必须含有 F 指令。（　　）

146．指令"G02 X Y R；"不能用于编写整圆的插补程序。（　　）

147．圆弧编程中的 I、J、K 值和 R 值均有正负值之分。（　　）

148．程序中指定的圆弧插补进给速度，是指圆弧切线方向的进给速度。（　　）

149．自动返回参考点 G28 指令之所以要设定中间点，其主要目的是为了防止刀具在返回参考点过程中与工件或夹具发生干涉。（　　）

150．通过零点偏移设定的工件坐标系，当机床关机后再开机，其坐标系将消失。（　　）

151．SIEMENS 系统返回固定点（如换刀点）的指令是 G75。（　　）

152. 所有的 M 指令均为模态指令。（　　　）

153. 刀具长度补偿存储器中的偏置值既可以是正值，也可以是负值。（　　　）

154. 当使用刀具补偿时，刀具号必须与刀具偏置号相同。（　　　）

155. FANUC 车床数控系统允许同时在 X 轴和 Z 轴方向实现刀具长度补偿。（　　　）

156. G40 必须与 G41 或 G42 成对使用。（　　　）

157. 刀补的建立过程的实现必须有 G00 或 G01 指令才有效。（　　　）

158. FANUC 系统单一固定循环指令 G90 是指进给量 F 必须在 G90 指令中指定，不能沿用 G90 指令前指定的 F 值。（　　　）

159. FANUC 系统单一固定循环指令 G90 的 R 值有正负之分。（　　　）

160. FANUC 车床数控系统中的 G94 指令中的 x/u、z/w 的数值均为模态值。（　　　）

161. G71 指令中和程序段段号 "ns" ～ "nf" 中同时指定了 F 和 S 值时，则粗加工循环切削过程中，程序段段号 "ns" ～ "nf" 中指定的 F 和 S 值有效。（　　　）

162. FANUC 0T 系统的 G71 指令中的 "ns" ～ "nf" 程序段编写了非单调变化的轮廓，则在 G71 执行过程中会产生程序报警。（　　　）

163. G71 指令中的 R 值是指粗加工过程中 X 方向的退刀量，该值为半径量。（　　　）

164. 如果程序段号 "ns" 和 "nf" 之间没有给出 F、S 值，则 G70 执行过程中沿用 G71 执行过程中的 F、S 值。（　　　）

165. 在 FANUC 系统的 G71 循环指令中，顺序号 "ns" 所指程序段必须沿 X 向进刀，且不能出现 Z 轴的运动指令，否则会出现程序报警。（　　　）

166. FANUC 数控车复合固定循环指令中能进行子程序的调用。（　　　）

167. G73 循环加工的轮廓形状，没有单调递增或单调递减形式的限制。（　　　）

168. G75 循环指令执行过程中，X 向每次切深量均相等。（　　　）

169. 执行 G75 指令，刀具完成一次径向切削后，在 Z 方向的偏移方向，由指令中参数 P 后的正负号确定。（　　　）

170. 执行 G75 指令中编写的 Z 方向的偏移量，应小于刀宽，否则在程序执行过程中会产生程序出错报警。（　　　）

171. G32 指令是 FANUC 系统中用于加工螺纹的单一固定循环指令。（　　　）

172. 指令 "G34 X(u)_Z(w) _F_K_;" 中的 K 是指主轴每转螺距的增量（正值）或减量（负值）。（　　　）

173. 如果在单段方式下执行 G92 循环，则每执行一次循环必须按 4 次循环启动按钮。（　　　）

174. 在 G92 指令执行过程中，进给速度倍率和主轴速度倍率均无效。（　　　）

175. FANUC 系统 G76 指令只能用于圆柱螺纹的加工，不能用于圆锥螺纹的加工。（　　　）

176. G76 指令为非模态指令，所以必须每次指定。（　　　）

177. 采用 G76 指令加工螺纹时，加工过程中的进刀方式是沿牙型一侧面平行方向的斜向进刀。（　　　）

178．FANUC 系统主程序和子程序的程序名格式完全相同。（　　）

179．FANUC 系统指令"M98P×××L××××；"中省略了 L，则该指令表示调用子程序一次。（　　）

180．当宏程序 A 调用宏程序 B 而且都有变量#100 时，宏程序 A 中的#100 与宏程序 B 中的#100 是同一个变量。（　　）

181．宏程序的格式类似于子程序的格式，以 M99 来结束宏程序，因此宏程序只能以子程序调用方法进行调用，即只能用 M98 进行调用。（　　）

182．执行指令"G65 H01 P#100；"后，#100 的值由系统参数指定。（　　）

183．指令"G65 H80 P120；"属于无条件跳转指令，执行该指令时，将无条件跳转到 N120 程序段执行。（　　）

184．B 类宏程序除可采用 A 类宏程序的变量表示方法外，还可以用表达式表示，但表达式必须封闭在圆括号"（　　）"中。（　　）

185．在编写 A 类宏程序时，要注意在宏程序中不可采用刀具半径补偿进行编程。（　　）

186．指令"G65 P1000 X100.0 Y30.0 Z20.0 F100.0；"中的 X、Y、Z 并不代表坐标功能，F 也不代表进给功能。（　　）

187．表达式"30.0＋20.0=#100；"是一个正确的变量赋值表达式。（　　）

188．B 类宏程序的运算指令中函数 SIN、COS 等的角度单位是度，分和秒要换算成带小数点的度。（　　）

189．B 类宏程序函数中的括号允许嵌套使用，但最多只允许嵌套 5 级。（　　）

190．宏程序指令"WHILE[条件式]D0 m"中的"m"表示循环执行 WHILE 与 END 之间程序段的次数。（　　）

191．通过指令"G65 P1000 D100.0；"引数赋值后，程序中的参数"#7"的初始值为 100.0。（　　）

192．机床报警指示灯变亮后，通常情况下是通过关闭机床面板上的报警指示灯按钮来熄灭该指示灯的。（　　）

193．按下机床急停操作开关后，除能进行手轮操作外，其余的所有操作都将停止。（　　）

194．当开关"PROG PROTECT"处于"OFF"位置时，即使在"EDIT"状态下也不能对 NC 程序进行编辑操作。（　　）

195．在任何情况下，程序段前加"/"符号的程序段都将被跳过执行。（　　）

196．在自动加工的空运行状态下，刀具的移动速度与程序中指令的进给速度无关。（　　）

197．通常情况下，手摇脉冲发生器顺时针转动方向为刀具进给的正向，逆时针转动方向为刀具进给的负方向。（　　）

198．手动返回参考点时，返回点不能离参考点太近，否则会出现机床超程等报警。（　　）

199．手摇进给的进给速率可通过进给速度倍率旋钮进行调节，调节范围为 0～150%。（   ）

200．当机床出现超行程报警时，按下复位按钮"RESET"即可使超程报警解除。（   ）

201．机床返回参考点后，如果按下急停开关，机床返回参考点指示灯将熄灭。（   ）

202．只有在 MDI 或 EDIT 方式下，才能进行程序的输入操作。（   ）

203．在插入新程序的过程中，如果新建的程序号为内存中已有的程序号，则新程序将替代原有程序。（   ）

204．在 EDIT 模式下，按下"RESET"键即可使光标跳到程序头。（   ）

205．数控机床空运行主要是用于检查刀具轨迹的正确性。（   ）

206．增量进给的最小增量步长是按照脉冲当量来作为单位的，通常情况下，最小增量步长取 0.001mm。（   ）

207．毛坯切削循环 CYCLE95 中，用于表示 X 方向精加工余量的参数 FALX 有正负值之分，当加工外圆时其值为正，当加工内孔时其值为负。（   ）。

208．毛坯切削循环 CYCLE95 中的纵向加工方式是指沿 X 轴方向切深进给，而沿 Z 轴方向切削进给的一种加工方式。（   ）

209．毛坯切削循环 CYCLE95 中，可分别用不同的参数表示粗加工和精加工的进给速度。（   ）

210．使用 SIEMENS 802D 系统的 CYCL。E93 指令加工装夹后工件的右端面槽，则不管采用何种方式起刀，均称为右侧起刀。（   ）

211．切槽循环指令 CYCLE93 中参数 STA1 的取值范围为 0°～360°。（   ）

212．采用恒定切削截面积进给方式进行螺纹粗加工时，背吃刀量按递减规律自动分配，并使每次切除表面的截面积近似相等。（   ）

213．恒定背吃刀量进给方式进行螺纹粗加工时，每次背吃刀量相等，其值由参数 TDEP、FAL 和 NRC 确定，计算公式为 a_p=(TDEP—FAL)/NRC。（   ）

214．SIEMENS 系统的子程序"L123．SPF"和子程序"L0123．SPF"是同一个子程序。（   ）

215．在 SIEMENS 系统的比较运算过程中，等于用符号"="表示。（   ）

216．符号"GOTOF"表示向后跳转，即向程序开始的方向跳转。（   ）

217．SIEMENS 系统 R 参数运算过程中，开平方根用字符"SQRT"表示。（   ）

218．50°42'算成度是 50.42°。（   ）

219．如果一个程序段有多个跳跃条件，则当第一个条件满足后就进行跳跃。（   ）

220．在自动运行状态下，按下循环启动停止键，机床的主轴转速功能及冷却、润滑将被停止执行。（   ）

221．数控车床在手动返回参考点的过程中，先执行 Z 轴回参考点，再执行 X 轴回参考点较为合适。（   ）

222．只有在自动运行过程将"程序控制"中的"选择停止"选项打开时，MOO 才有效，否则机床仍执行后续的程序段。（   ）

223．在程序自动运行过程中，严禁使用主轴倍率调整旋钮来调节主轴转速，以防损坏变速齿轮。（　　）

224．程序中不能将"F"值设为"零"使进给停止，但可用机床面板上的"进给速度倍率旋钮"将进给速度调成"0"，从而使进给停止。（　　）

225．采用软件进行自动编程属于语言式自动编程。（　　）

226．具有独立的定位作用且能限制工件的自由度的支承称为辅助支承。（　　）

227．切削用量中，影响切削温度最大的因素是切削速度。（　　）

228．积屑瘤的产生在精加工时要设法避免，但对粗加工有一定的好处。（　　）

229．程序传输是单方向的，即只能由电脑向数控系统传输，而不能由数控系统向电脑传输。（　　）

230．薄壁工件受夹紧力产生的变形，仅影响工件的形状精度。（　　）

231．为防止和减少加工薄壁工件时产生变形，加工时应分粗、精车，且粗车时夹松些，精车时夹紧些。（　　）

232．车削薄壁工件时，一般尽量不采用径向夹紧，最好应用轴向夹紧方法。（　　）

233．应用扇形软爪装夹薄壁工件时，软卡爪圆弧的直径应比夹紧处外圆直径小些。（　　）

234．车削短小薄壁工件时，为了保证内、外圆轴线的同轴度，可用一次装夹车削。（　　）

235．直径较大、尺寸精度和形位精度要求较高的圆盘薄壁工件，可装夹在花盘上车削。（　　）

236．在四爪单动卡盘上，无法加工出未经划线的偏心轴。（　　）

237．在四爪单动卡盘上加工偏心轴时，若测得偏心距偏大时，可将靠近工件轴线的卡爪再紧一些。（　　）

238．在刚开始车削偏心外圆时，切削用量不宜过大。（　　）

239．用三爪自定心卡盘加工偏心工件时，测得偏心距小了0.1mm，应将垫片再加厚0.1mm。（　　）

240．用三爪自定心卡盘加工偏心工件时，应选用铜、铝等硬度较低的材料作为垫块。（　　）

241．用两顶尖车削偏心轴，必须在工件的两个端面上根据偏心距要求，分别加工出成对的中心孔。（　　）

242．FANUC 0i 车铣中心启用极坐标后，XY 平面内第一轴仍用地址"x"表示，且该值为直径值。（　　）

243．FANUC 0i 车铣中心启用极坐标后，也可采用刀具半径补偿编程，但必须在极坐标指令指定前指定刀具半径补偿指令。（　　）

244．FANUC 0i 系统车铣中心中指令"G107 C_;"和指令"G01 Z_C_;"中的"C_"是同一个概念。（　　）

245．FANUC 0i 系统车铣中心的圆弧插补方式中，圆弧半径不能用地址 I、J 和 K 指

定，而必须用 R 指定。（　　　）

246．FANUC 0i 系统车铣中心的 B 功能指令由地址 B 及其后的 8 位数字组成，常用于分度功能。（　　　）

247．高速钢刀具韧性比硬质合金好，因此常用于承受冲击力较大的场合。（　　　）

248．钨钛钴类硬质合金是由碳化钨、钴和碳化钛组成。这类硬质合金适宜加工脆性材料。（　　　）

249．在毛坯加工过程中，选取较小的加工余量可提高刀具寿命。（　　　）

250．精车螺纹实验试样在任意 60mm 测量长度上螺距积累误差的允差为 0.02mm。（　　　）

251．进行螺纹加工时，进给量等于螺纹的导程。（　　　）

252．铰孔退刀时，不允许铰刀倒转。（　　　）

253．钻孔时，造成孔扩大或孔歪斜的主要原因是钻头顶角太大或钻头前角太小。（　　　）

254．刀具耐用度是刀具刃磨后从开始切削到磨损量达到磨钝标准所经过的切削时间。（　　　）

255．钨钴类硬质合金中含钴量越高，其牌号后的数字越大，韧性也越好，承受冲击的性能也越好。（　　　）

256．刃倾角是主切削刃与基面之间的夹角，刃倾角是在切削平面内测量的。当刃倾角为正值时，切屑流向待加工表面。（　　　）

257．钻中心孔时，不宜选用较高的机床转速。（　　　）

258．标准麻花钻靠近钻心处的前角为正值，而后角为负值。（　　　）

259．镗孔加工中，若镗刀的刀尖高于对称平面，则实际工作前角减小，后角增大。（　　　）

260．在切削时，车刀出现溅火星属正常现象，可以继续切削。（　　　）

261．刃磨车削右旋丝杠的螺纹车刀时，左侧工作后角应大于右侧工作后角。（　　　）

262．套类工件因受刀体强度、排屑状况的影响，所以每次切削深度要少一点，进给慢一点。（　　　）

263．切断实心工件时，工件半径应小于切断刀刀头长度。（　　　）

264．切断空心工件时，工件壁厚应小于切断刀刀头长度。（　　　）

265．数控机床对刀具的要求是能适合切削各种材料、能耐高温且有较长的使用寿命。（　　　）

266．数控机床对刀具材料的基本要求是高的硬度、高的耐磨性、高的红硬性和足够的强度和韧性。（　　　）

267．工件定位时，被消除的自由度少于六个，但完全能满足加工要求的定位称不完全定位。（　　　）

268．定位误差包括工艺误差和设计误差。（　　　）

269．数控机床中 MDI 是机床诊断智能化的英文缩写。（　　　）

270．数控机床中 CCW 代表顺时针方向旋转，CW 代表逆时针方向旋转。（　　　）

271．数控机床的开机回零操作即是指机床返回机床原点，其目的是为了建立机床坐标系。（　　　）

272．执行坐标系设定指令"G92"时，不会使机床产生任何运动，但会使机床屏幕显示的工件坐标系值发生变化。（　　　）

273．有一台三相步进电动机，转子上有 80 个齿。三相六拍运行，则其步距角为 1.25。（　　　）

274．提高滚珠导轨承载能力的最佳方法是增加滚珠数目。（　　　）

275．数控系统的报警大体可以分为操作报警、程序错误报警、驱动报警及系统错误报警，某个程序在运行过程中出现"圆弧端点错误"，这属于系统错误报警。（　　　）

276．在自动加工的空运行状态下，刀具的移动速度与程序中指令的进给速度无关。（　　　）

277．当宏程序 A 调用宏程序 B 而且都有变量#100 时，则 A 中的#100 与 B 中的#100 是同一个变量。（　　　）

278．系统内部没有位置检测反馈装置，不能进行误差补偿的系统是开环系统。（　　　）

279．当机床屏幕上出现"AIR PRESSURE IS LOWER"的报警时，则产生报警的原因是空气压力不足。（　　　）

280．SIEMENS 系统中，参数 R100—R299 属于加工循环传递参数，但该参数在一定条件下也可以作为自由参数使用。（　　　）

281．SIEMENS 系统在回参考点的过程中，如果选择了错误的回参考点方向，则不会产生回参考点的动作，也不会产生机床报警。（　　　）

282．SIEMENS 系统的指令"GOTOF"表示向后跳转，即向程序开始的方向跳转。（　　　）

283．FANUC 0T 系统中指令"G90 X(U) Z(W) R F;"中的 R 指圆锥面切削起点处的 X 坐标减终点处 X 坐标之值的二分之一，该值有正负之分。（　　　）

284．FANUC 系统粗车循环指令"G71 U(2xd)R(e)；G71 P(ns)Q(nf)U（Δu）W（Δw）F_S_T_;"中的 Δu 值是直径方向的精加工余量，该值是直径量。（　　　）

285．SIEMENS 802C 系统的毛坯切削循环指令"LCYC95"编写的轮廓中，圆弧指令不能超过 1/4 个圆。（　　　）

286．采用 SIEMENS 802C 系统螺纹切削循环指令"LCYC93"指令编写工件夹持后的右侧端面槽，则不管从哪个位置起刀，均称为右侧起刀。（　　　）

287．按下循环停止按钮后，则机床会出现主轴停转、程序停止向下执行的情况。（　　　）

288．FANUC 系统的螺纹加工指令"G33 Z_F_;"中 F 值是每分钟进给指令。（　　　）

289．滚珠丝杠副消除轴向间隙的目的主要是减小摩擦力矩。（　　　）

290．刀具前角越大，切屑越不易流出，切削力越大，但刀具的强度越高。（　　　）

291．当用 G02/G03 指令，对被加工零件进行圆弧编程时，圆心坐标 I、J、K 为圆弧终点到圆弧中心所作矢量分别在 X、Y、Z 坐标轴方向上的分矢量（矢量方向指向圆

心）。（　　）

292．FANUC 系统中，程序段 G17 G68 X0 Y0 R45.0 表示坐标系绕原点（0，0）顺时针旋转 45°。（　　）

293．一般情况下，在使用砂轮、钻床等旋转类设备时，操作者必须戴手套，以防划伤双手。（　　）

294．在现代数控系统中系统都有子程序功能，并且子程序与子程序之间能实现无限层次的嵌套。（　　）

295．刀具补偿功能包括刀补的建立、刀补的执行和刀补的取消三个阶段。（　　）

296．刀具补偿功能包括刀补的建立和刀补的执行二个阶段。（　　）

297．数控机床配备的固定循环功能主要用于孔加工。（　　）

298．数控铣削机床配备的固定循环功能主要用于钻孔、镗孔、攻螺纹等。（　　）

299．编制数控加工程序时一般以机床坐标系作为编程的坐标系。（　　）

300．机床参考点是数控机床上固有的机械原点，该点到机床坐标原点在进给坐标轴方上的距离可以在机床出厂时设定。（　　）

项目4.2　参考答案

一、选择题答案

1	2	3	4	5	6	7	8	9	10
B	A	B	B	D	C	A	A	A	B
11	12	13	14	15	16	17	18	19	20
C	C	A	D	C	A	B	D	A	A
21	22	23	24	25	26	27	28	29	30
B	C	A	A	C	A	C	C	D	D
31	32	33	34	35	36	37	38	39	40
B	C	B	D	D	B	B	D	B	C
41	42	43	44	45	46	47	48	49	50
C	C	A	C	A	A	D	C	A	B
51	52	53	54	55	56	57	58	59	60
C	C	A	C	A	D	B	B	B	D
61	62	63	64	65	66	67	68	69	70
B	C	C	B	B	A	B	A	B	C
71	72	73	74	75	76	77	78	79	80
A	C	C	C	A	A	C	B	B	A
81	82	83	84	85	86	87	88	89	90
C	D	D	B	B	C	B	C	B	C
91	92	93	94	95	96	97	98	99	100
D	B	C	A	C	A	B	A	A	B
101	102	103	104	105	106	107	108	109	110
C	A	D	C	A	A	C	C	A	D

111	112	113	114	115	116	117	118	119	120
A	B	A	A	C	D	B	C	A	B
121	122	123	124	125	126	127	128	129	130
C	D	C	C	D	A	B	B	C	D
131	132	133	134	135	136	137	138	139	140
C	B	B	D	D	B	D	B	A	C
141	142	143	144	145	146	147	148	149	150
B	D	A	B	C	C	D	B	C	A
151	152	153	154	155	156	157	158	159	160
B	C	D	C	D	A	D	B	C	D
161	162	163	164	165	166	167	168	169	170
B	C	C	C	A	A	D	A	C	C
171	172	173	174	175	176	177	178	179	180
B	D	A	B	A	D	B	D	D	D
181	182	183	184	185	186	187	188	189	190
A	C	A	C	A	B	D	A	B	C
191	192	193	194	195	196	197	198	199	200
C	A	A	C	C	C	D	D	C	D
201	202	203	204	205	206	207	208	209	210
A	B	A	A	D	A	D	B	B	D
211	212	213	214	215	216	217	218	219	220
C	D	B	D	B	C	D	A	B	D
221	222	223	224	225	226	227	228	229	230
A	B	B	C	B	A	C	B	A	C
231	232	233	234	235	236	237	238	239	240
C	D	D	D	C	B	A	D	D	C
241	242	243	244	245	246	247	248	249	250
C	A	D	C	B	A	B	C	D	A
251	252	253	254	255	256	257	258	259	260
A	C	C	D	A	A	B	D	A	C
261	262	263	264	265	266	267	268	269	270
D	A	C	C	C	D	A	B	B	B
271	272	273	274	275	276	277	278	279	280
B	C	D	B	A	C	A	B	A	B
281	282	283	284	285	286	287	288	289	290
D	A	B	B	A	D	A	C	C	C
291	292	293	294	295	296	297	298	299	300
B	B	B	A	A	D	A	D	C	C
301	302	303	304	305	306	307	308	309	310
D	A	D	D	C	A	D	B	A	B

模块四 职业技能鉴定题库

二、是非题答案

1	2	3	4	5	6	7	8	9	10
T	T	F	F	F	T	F	F	T	F
11	12	13	14	15	16	17	18	19	20
T	F	T	T	F	T	F	T	T	F
21	22	23	24	25	26	27	28	29	30
T	F	F	F	T	T	T	F	T	F
31	32	33	34	35	36	37	38	39	40
F	F	T	F	T	F	T	F	T	T
41	42	43	44	45	46	47	48	49	50
F	T	T	T	F	T	T	F	F	F
51	52	53	54	55	56	57	58	59	60
T	T	F	F	T	T	F	F	F	F
61	62	63	64	65	66	67	68	69	70
T	F	T	T	F	T	T	T	F	F
71	72	73	74	75	76	77	78	79	80
T	T	T	T	T	F	T	F	T	T
81	82	83	84	85	86	87	88	89	90
T	F	T	F	T	T	F	T	T	T
91	92	93	94	95	96	97	98	99	100
F	T	T	T	T	F	F	T	T	F
101	102	103	104	105	106	107	108	109	110
F	T	T	T	F	F	T	T	F	T
111	112	113	114	115	116	117	118	119	120
T	T	F	T	F	F	F	F	F	T
121	122	123	124	125	126	127	128	129	130
T	F	T	T	T	F	F	F	F	T
131	132	133	134	135	136	137	138	139	140
F	T	T	F	F	T	T	F	T	F
141	142	143	144	145	146	147	148	149	150
F	T	T	T	T	T	T	T	T	F
151	152	153	154	155	156	157	158	159	160
T	F	T	F	T	T	T	F	T	T
161	162	163	164	165	166	167	168	169	170
F	F	T	T	T	F	T	F	F	F
171	172	173	174	175	176	177	178	179	180
F	T	T	T	F	T	T	T	T	T
181	182	183	184	185	186	187	188	189	190
F	F	T	F	F	T	F	T	T	T
191	192	193	194	195	196	197	198	199	200
T	F	F	F	F	T	T	T	F	F
201	202	203	204	205	206	207	208	209	210
T	T	F	T	T	T	F	T	T	T
211	212	213	214	215	216	217	218	219	220
F	T	T	F	F	F	T	F	T	F

221	222	223	224	225	226	227	228	229	230
F	F	F	T	F	F	T	T	F	F
231	232	233	234	235	236	237	238	239	240
F	T	F	T	T	F	T	T	F	F
241	242	243	244	245	246	247	248	249	250
T	T	F	F	T	T	T	F	F	T
251	252	253	254	255	256	257	258	259	260
T	T	F	T	T	T	F	F	T	F
261	262	263	264	265	266	267	268	269	270
F	T	T	T	F	T	T	F	F	F
271	272	273	274	275	276	277	278	279	280
F	T	F	T	F	T	T	T	T	T
281	282	283	284	285	286	287	288	289	290
T	F	T	T	F	T	F	T	F	F
291	292	293	294	295	296	297	298	299	300
F	T	F	F	T	T	F	T	F	T

项目 4.3　数控车床职业技能鉴定技能题

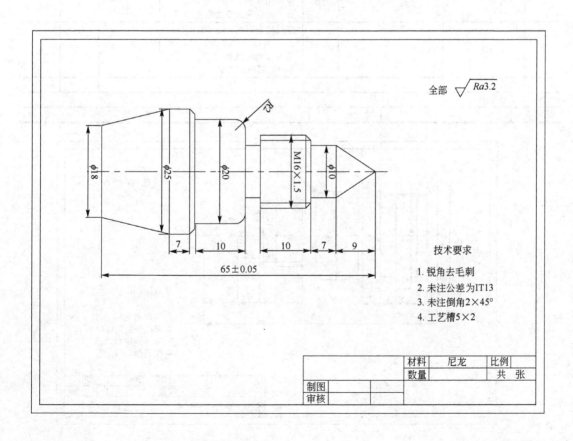

全部 $\sqrt{Ra3.2}$

φ18　φ25　φ20　M16×1.5　φ10

7　10　10　7　9

65±0.05

技术要求
1. 锐角去毛刺
2. 未注公差为IT13
3. 未注倒角2×45°
4. 工艺槽5×2

材料	尼龙	比例	
数量		共　张	
制图			
审核			

模块四　职业技能鉴定题库

119

<h2 style="text-align:center">数控车工评分表</h2>

序号	项 目	考核内容		配分	评 分 标 准	检测结果	扣分	得分
1	外形	25	IT	8	超差 0.01 扣 2 分			
			Ra	4	降一级扣 2 分			
		20	IT13	4	超差 0.01 扣 2 分			
			Ra	4	降一级扣 2 分			
		10	IT13	4	超差 0.01 扣 2 分			
			Ra	4	降一级扣 2 分			
		65±0.05	IT	8	超差 0.01 扣 2 分			
			Ra	2	降一级扣 2 分			
		7	IT13	4	超差 0.01 扣 1 分			
			Ra	4	降一级扣 2 分			
		10	IT13	4	超差 0.01 扣 1 分			
			Ra	4	降一级扣 2 分			
		M16×1.5	IT	4	超差 0.01 扣 1 分			
			Ra	2	降一级扣 2 分			
2	机床操作	开机及系统复位		4	视操作情况酌情给分			
		装夹工件		4				
		输入及修改程序		4				
		正确设定对刀点		4				
		建立刀补		2				
		自动运行		2				
3	工、量、刃具的正确使用	执行操作规程		6	视操作情况酌情给分			
		使用工具、量具		4				
4	文明生产			10	按有关规定每违反一项从总分中扣 3 分，扣分不超过 10 分。发生重大事故取消考试			
5	加工时间				超过定额时间 5min 扣 1 分；超过 10min 扣 5 分，以后每超过 5min 加扣 5 分，超过 30min 则停止考试			
6	合计			100				
	总评成绩							
监考人		检验员			考评员			

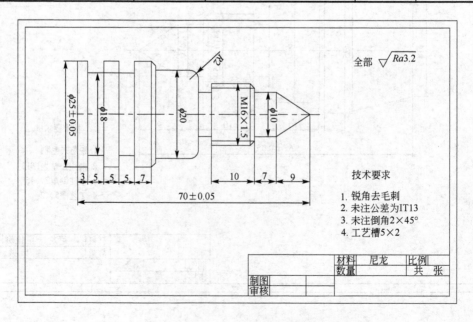

全部 √Ra3.2

技术要求

1. 锐角去毛刺
2. 未注公差为IT13
3. 未注倒角2×45°
4. 工艺槽5×2

材料	尼龙	比例	
数量		共 张	
制图			
审核			

数控车工评分表

序号	项 目	考核内容		配分	评 分 标 准	检测结果	扣分	得分
1	外形	25±0.05	IT	8	超差 0.01 扣 2 分			
			Ra	4	降一级扣 2 分			
		20	IT13	4	超差 0.01 扣 2 分			
			Ra	4	降一级扣 2 分			
		10	IT13	4	超差 0.01 扣 2 分			
			Ra	4	降一级扣 2 分			
		70±0.05	IT	8	超差 0.01 扣 2 分			
			Ra	2	降一级扣 2 分			
2	槽、螺纹	18	IT13	4	超差 0.01 扣 1 分			
			Ra	4	降一级扣 2 分			
		5	IT13	4	超差 0.01 扣 1 分			
			Ra	4	降一级扣 2 分			
		M16×1.5	IT	4	超差 0.01 扣 1 分			
			Ra	2	降一级扣 2 分			
3	机床操作	开机及系统复位		4	视操作情况酌情给分			
		装夹工件		4				
		输入及修改程序		4				
		正确设定对刀点		4				
		建立刀补		2				
		自动运行		2				
4	工、量、刃具的正确使用	执行操作规程		6	视操作情况酌情给分			
		使用工具、量具		4				
5	文明生产			10	按有关规定每违反一项从总分中扣 3 分，扣分不超过 10 分。发生重大事故取消考试			
6	加工时间				超过定额时间 5min 扣 1 分；超过 10min 扣 5 分，以后每超过 5min 加扣 5 分，超过 30min 则停止考试			
7	合计			100				
	总评成绩							

监考人		检验员		考评员	

参 考 文 献

[1] 肖珑，赵军华主编. 数控车削年加工操作实训. 北京：机械工业出版社，2008.
[2] 袁锋主编. 数控车床培训教程. 北京：机械工业出版社，2008.
[3] 叶伯生主编. 数控加工编程与操作. 武汉：华中科技大学出版社，2005.
[4] 胡涛主编. 数控车床职业技能鉴定强化实训教程. 武汉：华中科技大学出版社，2005.
[5] 沈建锋主编. 数控车床技能鉴定考点分析与试题集萃. 北京：化学工业出版社，2007.